非常識な本質

ヒト・モノ・カネ・時間がなくても最高の結果を創り出せる

元日産GT－R開発責任者・レース監督
水野和敏

フォレスト出版

はじめに——「本質」をつかめばあなたの仕事が激変する

この本を手にとっていただき、ありがとうございました。心から感謝いたします。

ある日のこと、誰も思いつかなかった世界一のアイデアがあなたの頭に浮かび、それを現実化して魅力的なモノやサービスが生まれる。

はじめてお会いしたお客様から、「素晴らしいね、思わず引き込まれたよ」と感動の声をいただく。

職場の人や、仲間には「ほんとうに良くやってくれたね、ありがとう」と称賛や感謝の声をかけていただく。

僕はこんな心が震える瞬間や感動を、きっと、あなたがたくさん生み出せると思って、この本を書かせてもらいました。

「そんなこと、簡単にできるわけがないよ！」

と、あなたは思うかもしれません。

でも、マジックの種明かしをすると「なんだ、そんな簡単なことだったのか」と誰もが思うように、じつはそう難しいことではないのです。

ただ、1つだけ実行してもらいたいことがあります。

それは「こういうときには、こうすべきだ」という常識にとらわれた考え方とやり方を捨て、常識の壁を壊し、その先の思考の盲点に潜む「本質」をつかもうと意識すること、ただこれだけです。けっして難しいことではないのです。

僕は1972年、日産自動車に入社し、80年当時はお客様を喜ばせたい、楽しませたいという気持ちから寝る間も惜しんでブルーバードやセドリックといった爆発的に売れたクルマの開発中枢で働き、猛烈に忙しかったけれど極めて充実した日々を送っていました。

しかし、僕の心の中には漠然とですが、大きな疑問があったのです。

海外における日本車のイメージはどんなものなのか——？

世界のユーザーは、日本のクルマに驚きやステータスを感じているのか——？

この疑問の答えを見つけるつもりで、84年に自分がつくったオースターというクルマをヨーロッパに持ち込み、3週間の現地テスト走行の旅に出ました。

ドイツの速度無制限で有名な、高速道路アウトバーンで代表的な欧州車に乗り、次に日本から意気揚々と持ち込んだ、オースターに乗って比較実験をしたのでした。

フォルクスワーゲンのゴルフは、安価で一番売れている1・6Lエンジン仕様にもかかわらず、乗ったら心がウキウキしてクルマから離れられなくなりました。

ベンツは、がっちりと、かつしっかりとした、まるでドイツ人の気質がクルマに乗り移ったかのような乗り心地です。

それに比べて自分がつくったオースターはというと、音はうるさいし地面のデコボコを拾って、乗っていてまるで気持ちが落ちつかない。

この違いはいったい何なのか——？

日本のクルマはブリキのおもちゃだったのか——？

本当にショックでしたが、それが率直な感想でした。

さらに、現地に行って肌で感じたことは、ヨーロッパ人の中流階層以上の日本車に対する関心は極めて薄く、日本車の購入者のほとんどが低所得者層であり、購買理由の多くは「安くて壊れない」という理由で買われているにすぎなかったことです。

つまり、日本車はディスカウントバリューでしかなく、ステータスなどはまるでなかった。

僕はこの旅の終わりに一大決心をしました。

いつの日か欧州人がビックリし、彼らが教科書にするようなクルマをつくって日本のナショナリティブランドを世界に示してやろうという決意を持ったのです。

1980年代、日本の自動車、TV、VTRなどの商品が怒涛のごとく米国市場に流入し、米国人が恐怖を感じるほど日本はディスカウントバリューで「モノづくり大国」となりました。

しかし、あれから30年が過ぎ、中国や韓国、新興諸国の台頭によってこの道に戻ることが許されないことは、日本の電気業界が証明しました。

しかも、われわれが日本の中で思っているほど、日本メーカーの製品はスイスの高級時計やドイツのクルマほど、世界ではブランドとして評価されていないのも、僕が目で見て肌で感じている現実です。

では、僕やあなたが、喜びや生きがいを持って仕事をし、再成長するための希望の道とはなんでしょうか？

僕もそうでしたが、日頃あなた自身もなんとなく「いまのままで良いのだろうか」と、もやもやしているのではありませんか？

じつは、僕らのモノづくりの考え方や仕事のやり方、組織の在り方まで含めて、かつての「モノづくり大国」時代の発想や考え方が、世界の劇的変化をよそに、僕らの心に沈殿物のように「常識」となってこびり付いているのではないでしょうか。

だとすれば、このディスカウントバリュー型のモノづくりの「常識」の壁をぶち壊し、その先にある「本質」を掴めば、僕らの閉塞感は吹き飛ばせるし、国内はもとより、世界中を魅了し影響力を持つモノやサービスをつくることができるはずです。

では閉塞感をぶち壊し、世界中が認める日本の「本質」とはなんでしょう。

それはすごく簡単なことです。日本の原点に帰ることです。

僕は、昔から日本人が最も得意とし大切にしてきた茶道や華道、日本旅館のサービスに代表される「おもてなしの心」と、漆器や茶碗、家具職人の名工、名匠に代表される「匠の技」の精神を生かしたモノづくりや働き方に答えがあると考えました。

17世紀、ヨーロッパの金持ちはシルクロードや帆船の交易によってもたらされる黄金の国ジパングの陶器や織物を買い集めましたが、これがヨーロッパにおけるブランドの発祥になったといいます。

日本文化には、世界中の人を魅了するナショナリティブランドが昔からあったのです。

ディスカウントバリューという安売り競争から離れ、日本の「本質」に戻れば、僕やあなたは、働く喜びと感謝に溢れ、世界から尊敬される日本のナショナリティブランドをつくることができます。なぜなら、世界を引き付けてやまない日本の「本質」

は、あなたの日常にも、心にもDNAとして確実に生きつづけているからです。

僕は、この春に日産を退職しました。

最後に手掛けた日産GT－R（R35型）は、世界初のマルチパフォーマンス・スーパーカーです。

僕はこのクルマの開発・製造・販売すべての責任者をやらせてもらいました。

開発にあたって真っ先に考えたことは、日本の文化である「おもてなしの心」と「匠の技」というコンセプトを徹底的に織り込んで世界と勝負し、日本のナショナリティブランドが世界中の人を魅了できるということを証明することでした。

一方で、僕やチームのスタッフがつねに心がけていたことは、従来の常識の壁の向こうにある思考の盲点に潜む「本質」をつかみ取ることでした。

その結果、感謝すべきことにGT－Rはポルシェやフェラーリを超え、僕の長い間の宿願だったヨーロッパの超一流メーカーが教科書として学ぶクルマになりました。

さらに、スタート当初は無謀とまでいわれた計画にもかかわらず、開発に要したヒト・モノ・カネ・時間は結果的に通常の約4分の1ですんだのです。

この本で、僕はあなたに「本質」のつかまえ方を、レース監督時代、GT－R開発時代を振り返りながら包み隠さずお伝えします。

あなたが製造業でも、流通業でも、サービス業でも、どんな業種であっても、きっと目からウロコの新しいビジネスの本質、世界最強の仕事術が見えてくるはずです。

ただし、前進するには安全だと思っている世界から飛び出し、未知の領域への旅に出なければなりません。決して難しいことではありません。僕もそうでしたが、あなたが感じているもやもや不安も、「本質」をつかめばスカッと吹き飛ばせます。

常識にとらわれるのはやめようよ！

いまこそ常識を突き離してみようよ！

周りの人にすれば非常識かもしれないけど、本当にやりたかったこと、本当の自分の希望は、常識の壁をぶち壊した先にあります。

そこには、あなたの未来を祝福するカギが必ず潜んでいます。

私と一緒にそれを手に入れに行きましょう。

もくじ

第1章 非常識な本質

第2章

はみ出し者が生きる道

第3章

「お客様は神様」の本当の意味

第4章

世界一を目指した型破りな開発

第5章

答えはいつも会社の外にある

第6章 ブランドの正体

装幀　小口翔平（tobufune）
図版作成　二神さやか
編集協力　入江吉正

第1章 非常識な本質

常識に振り回され破綻したチーム

いきなり耳慣れない「非常識な本質」という言葉を聞かされても、あなたは理解しにくいのではありませんか？

「〝常識的な本質〟と何が違うの？」

「そもそも水野が言う〝本質〟って何？」

という感じで。

まあ、あまり言葉にとらわれすぎると、大切なことを見失ってしまいます。

そこで、この章では「非常識な本質」とは何かをザックリとわかってもらうために、はじめに僕のレース監督時代のお話をさせていただきます。

これから僕がお話しする「非常識な本質」は、クルマに限った特殊なことではないし、難しい話は出てこないので肩肘《かたひじ》張《は》らずにリラックスしてこの先を読んでください。

クルマの開発が本職の僕も、1989年から1995年までは畑違いのレース活動をやっていました。

89年といえばバブル景気の真っ盛り。

モータースポーツも時代の花形でした。

日産のレース部門に移る直前には、プリメーラP10やスカイラインGT－R（R32型）という時代をリードし、飛躍的に売れた、まったく新しいクルマの車両計画設計、簡単にいうとパッケージング開発をやっていました。

クルマのパッケージングというのは、すべての部品や乗る人、積む荷物の配置を決めると同時に、デザインや性能のほとんどを決定するクルマそのものの設計です。

仕事がひと区切りつき、次に何の開発を提案しようかと思っていた矢先でした。

突然、開発部門の常務に言われました。

「水野くん、来月からレースをやってくれ」

本当にガッカリしました。

これで自分のエンジニア人生は終わったのかとも思いました。

それまでは日産を代表するクルマ開発設計の第一線でバリバリやっていて、自分だけの新しいクルマづくりに手応えを感じていましたからね。

しかも年齢も35歳、脂の乗り切った時期に！

異動の内示が出てから2カ月間は、なにもする気が起きなかったし、実際なにもしなかった。

その後の結果だけを見ると、みなさんは僕が好きでレース部門に行ったと思っているでしょうが、冗談じゃない。じつは完全に落ち込んで、本当に毎日悩んでいたんです。

さらに、当時僕が異動することになったレースの部門は、かなりヤバイ状態でした。

市販車改造のグループAというカテゴリーのレースではスカイラインGT－Rが50連勝していましたが、僕が担当する予定のメーカー選手権のグループCというカテゴリーでは、「出ると負け」という惨敗つづき、情けない状態だったのです。

「サラリーマンがサーキットに来て、会社が決めた仕事をこなしている」

「テストコースとサーキットを勘違いしている」

そんな調子で、クルマの専門誌ではボロボロに叩かれている状態でした。

当時の日産が実行していたのは、誰もが常識で考えること。

「ヨーロッパの一流レーシング会社、イギリスのローラ・カーズやマーチ・エンジニアリングにつくらせれば良い成績が残せるはず」

というものでした。

僕が行く前までは、イギリスでレース用のクルマをつくり、日産100パーセント出資のニスモ（NISMO＝ニッサン・モータースポーツ・インターナショナル）が日本で走らせ、レースをやっていました。

一流の会社にアウトソーシングして良い結果を手に入れる――。

ふつうの人なら誰でも考える、常識的な企業としての戦略です。

でも、結果はまったくでした。

ニスモは歴史あるレーシングチームですから、それなりにプライドがあります。

「ヨーロッパ人は、俺たち日本からの要求をほとんど無視して、自分たちの思い込みで勝手につくっている」

そんな不満の塊《かたまり》でした。

一方、ヨーロッパ側は何かとゴタゴタ言ってくる日本のレーシングチームに、俺たちはローラなんだ、マーチなんだとプライドをかざしている。

相容《あいい》れない双方は、レースに勝とうとするマインドすら薄れ、内部争いをしているように僕には感じられました。

このチームは、すでに内部で破綻していたのです。

いきなり、こんなバラバラで負け癖《ぐせ》のついたチームに飛ばされ、成果をあげてこいと言われたら、あなたならどう打開しますか?


僕は、企業が実行した「常道」とはまったく違うことをしました。

「レースで勝つための本質とは何か?」を2カ月間考えた末の、社内の半端ではない抵抗を覚悟のうえでのことです。

もうここでオチをお伝えしますが、僕はこの「本質」を実行したことで、国内耐久選手権3年連続チャンピオン、1992年はデイトナ24時間レース(フロリダ州デイトナで行われる世界三大耐久レースの1つ）を含め、全戦全勝といった成績を収め、日産のレース活動の黄金期を築けました。

「それは水野だから」という声が聞こえてきそうですが、それは違うのです。

企業がやってきた常識に逆らって、非常識と思える本質を追求したからこそ、ヒト・モノ・カネ・時間をかけなくても最高の結果を生み出せたのです。

たしかに、クルマの設計に関して専門知識がある僕にアドバンテージがあるのは認めますが、何度も言うようにレース監督もレース車の開発もレース運営も僕は未経験。

あなたもこれからお伝えする「本質」をつかめるようになれば、簡単にレース監督として勝利を手にすることは理論上可能であるということがわかっていただけるでしょう。

そしてぜひ、「非常識な本質」のアウトラインと、自分の仕事の中で「本質」を見つけていくためのエッセンスを得ていただきたいと、心から思います。

時間短縮のカギは3人より1人

僕がニスモに出社し、最初に社長から言われたのは、最悪の言葉でした。

「このチームを水野くんに預けるけど、今年優勝できなかったり、チャンピオンを獲《と》れなかったりしたら、チームはアメリカの会社に吸収されることになっているんだ。そのつもりでやってくれ」

昨日まで街を走るクルマづくりをしていた男を捕まえて、いきなりひどい話です。従来と同じことをやっても勝てないことは、去年までの結果が教えてくれた。だから、僕の答えは至極当然、1つしかありませんでした。

「わかりました。結果が出せなければクビにしてください。いま辞表をお渡ししてもいいです。その代わり、僕の思うようにやらせてください。3年後には全戦全勝を差し上げます！」

常識はずれの着任のあいさつでした。失うものがないというのは、思い切った決心

022

ができるものです。

どういうことかわかりますか？

レース監督というのは、通常かなり偉い人で、マネジメントだけをする。チームには、クルマを整備するメカニックも職人としてドンといる。さらに、サーキットに行くとトラックエンジニアという人がサスペンションなどクルマのセットアップをしている。

ドライバーを除けば、この3人が並び立っているのがレースチームの組織です。「思うようにやらせてほしい」というのは、これら3人でやっている仕事の責任すべてを、僕1人に持たせてほしいということです。

なぜこんな破天荒な条件を出したのか？

理由は簡単なんです。

1年で結果を出さなければいけないということは、通常3年かかることを1年で成し遂げること。それを3人がバラバラにやるのは明らかに非効率。

だから自分の思うようにメカニックを教育し、クルマを開発して、チームの監督をやり、セットアップもし、ドライバーにもすべて僕の指示どおりにテストもレースもやってもらうことにしたのです。

当初、僕はスポーツ車両開発センターという所でクルマの開発やレースの運営、世界選手権用の技術開発を任されることになったのですが、着任後、日本とヨーロッパを忙しく行き来しながら、1年後に次の結論に至りました。

「ニスモには、どういうクルマがレースで必要なのかを本気で追求しようとする謙虚な姿勢がまったくない。他人（ローラ社）のせいにして同じことを繰り返している」

「不備や言い訳をローラやマーチに押し付けるのではなく、自分たちでやろうしないかぎり——日産の人材と技術を生かさないかぎり永遠にレースには勝てない」

意外にもニスモの社長は、僕の前代未聞の申し出を快く了解してくれました。

「わかった。水野くんに全部任せる。外野からの批判は俺が受けとめてやる」

ただ、日産社内は大騒ぎ。

「レースのド素人が監督、車両開発責任者、サーキット技術責任者の3役を兼ね、さらにローラやマーチまで切ってしまうなんて思い上がりだ、馬鹿げている。水野は頭がおかしくなったんじゃないか」

言われて当然といえば当然です。

勝つための予算と人員の削減

たしかに、僕はレース経験がゼロで、ズブの素人でした。

そのド素人が、超プロ集団のポルシェやジャガーやトヨタやマツダなどとガチンコでメーカーの威信を賭《か》けたメーカー選手権レースで勝とうとしたら、ふつうはどうすると思いますか？

ふつう、最初にやるのは情報収集と「教えを請う」です。

グループCでは当時、ノバエンジニアリングというチームがポルシェの援助を受け、10年連続でチャンピオンを獲得していました。常識で考えたら、素直にノバエンジニアリングのチーム監督を訪ねて、情報を得て、いろいろ教えてもらってから行動に移ろうと考えるはずです。

でも、僕はそうしませんでした。

なぜか?

去年1位を獲った人のところに行って話を聞いたって、その人の1年前の話が聞けるだけ。今年どうやって勝とうとしているかは口が裂けても言いません。教えてもらったことをそのままやったところで、どうがんばっても2位以上には絶対になれない。

これはレースに限らず、どんな業界でも言えることですよね。

結局1位になりたいなら、他人の思いつかないことをやる!

僕はニスモに赴任した最初の3カ月、出社しても何もしないで、ひたすら「レースで勝つこととはどういうことだ⁉」だけを考えつづけました。

そして、1つの答えにたどり着いたのです。

僕がチームの勝利のために最初に手をつけたことは、「予算もチームもいまより大幅に小さくする」ことでした。

「バカか、ふつうは逆だろ!」

そんな声が聞こえてきそうですが、僕はある信念を持っていました。満たされた「ヒト・モノ・カネ・時間」は組織を崩壊させる――。

そして、レースに勝つためにも絶対に必要なことだと思いました。効率のいい仕事をするには、それらを徹底的に絞り込むべきなのです。

レースは、自動車メーカーの表舞台の顔です。

グループCでは当時、日産やトヨタ、ジャガー、ポルシェ、ベンツ、マツダなど各社がメンツを賭けて闘っていた。各チームは開発部隊を含めると数百人規模でレースに臨み、年間予算も50〜100億円くらいかけていました。

しかし1990年、私は年間予算を約10億円＋αにしてもらいました。通常の4分の1以下。

それでレース用のクルマをつくり、海外と国内のレースに臨み、スタッフの人件費を支払い、翌年のクルマも開発していく。

お金の使い方もチームで決めました。

「エンジニアを1人増やして部品の耐久性を上げよう。そうやって部品費を減らしていけば、人件費以上の元が取れる」

みんなもお金を真剣に考えるようになります。

人は50人。

通常が２５０～５００人だから異常といえば異常です。これでクルマの開発も海外レースも国内レースも全部やることにしました。

このときも、周りから言われました。

「やり方が無茶で、いずれチームが破綻するぞ」

しかし、それは彼らが常識で考えていたからです。

２５０人の仕事を50人でやるとなると、一人ひとりの仕事量は増えるに決まっている。でも、それが必ずしもミスに繋がるとは限らない。むしろ各スタッフの仕事の権限が5倍に増えることで、自らの考えで開発、実験に取り組み、レースに臨むことになる。

その結果、従来は50パーセントも占めていた「やり直し」「修正」「連携不足」といった成果のない仕事が減り、結果としてクルマの信頼性や精度のアップにつながるはずだと、事前に実施した各自の1日ごとの業務分析から確信していました。

そして、チームのスタッフ50人という数字には、もう1つの意味がありました。ある程度の規模の会社で働いているビジネスマンなら、きっと日頃感じていることなのですぐにピンとくるはずです。

組織の規模が50人を超えてくると、それを束ねるための管理職が必要になってきます。

でも、当事者意識のない管理職が50人のチームに入ってきた途端、組織の一体感が大きく崩れはじめ、悪しき縦割り組織になっていくのです。

だから目的へ一直線に向かう合理的な仕事を目指すのであれば（目的合理性）、チームの規模を大きくして管理職を入れるよりも50人規模で管理職のいないチームにしたほうがいいに決まっている。

僕はよく「思考の盲点」という言い方をします。

日頃「こういうときには、こうすべき」という常識に沿って仕事をつづけていると仕事そのものの本質、やっている意味を見失ってしまうのです。

とくに専門性が高く管理職を配置している組織ほど、その思考の盲点にはまる危険性があります。

要するに、考える因子がなくなり、仕事の「何のために何を」が見えなくなるため、自分の仕事に疑問を抱かなくなり、惰性でこなしていくのです。

しかし、物事の本質を見極めて仕事に取り組むことができると、「ヒト・モノ・カネ・時間」は半分ですむし、倍の結果を生むことができるのです。

最高馬力・最軽量のクルマは絶対にレースで勝てない

レースで勝つことはチームがサーキットで最高の効率を発揮すること、その実現のために日常の仕事の中でも効率の向上を目指さなければならない。

だから前項に記したように、チームは「ヒト・モノ・カネ・時間の削減」「最高の効率向上の構築」というコンセプトでつくった。

では、クルマはどういう発想でつくったか？

もちろん、サーキットで走るのはクルマです。

速く走れるクルマがなかったら、レースに勝つことはできない。

だから、ふつうは最高馬力のエンジンを搭載した最高速度の出るクルマをつくろうと考えます。ドライバーも、馬力がなくてストレートで遅いクルマを嫌がる。

これがみなさんのみならず、レース関係者が抱く〝常識〟です。

でも、それでは失敗するんです。

実際のレースでは、馬力があれば勝てるというものではない。

レースではクルマの大きさ、重さなど、統一された規格があり、たとえば使うガソリンの量なども「1000キロレースでは510リットルまで」などとルールで決められていました。

その規格の中で、エンジンの馬力を上げて最速のクルマをつくったとしたら、どういうことが起こると思いますか？

驚くかもしれませんが、意外にもいちばん壊れやすく、燃費の悪いクルマになるのです。

そんなクルマで走行距離1000キロの耐久レースに出場し、ほかのチームのクルマが800馬力で走っているところを1000馬力で走っていたとしたら間違いなく900キロくらいで壊れてしまいます。

レースでは、チェッカーフラッグを受けてゴールしなければ意味がない。

いちばんパワーがあり、いちばん速いクルマなんかつくったら、チェッカーを受ける前にライバル車より早くクルマを壊す、あるいは燃費走行でペースダウンするだけ。それは、信頼耐久性を下げるということでもあります。

でも、実際にレースをやっている人たちは、こう考えがちです。

「レースに勝つには、やはりパワーのあるエンジンを搭載した軽くて速いクルマが絶対に必要なんだ」

これがレースの世界では、まさに常識になっていた。

モノを作り替えて、相手よりいいものをつくろうとする発想です。去年よりも今年、今年よりも来年と、クルマを作り替えることでレースに勝とうと邁進《まいしん》するのです。

しかし、そこに待っているのは最悪の落とし穴。クルマの耐久性を競うレースなの

富士スピードウェイにおけるアクセル全開位置

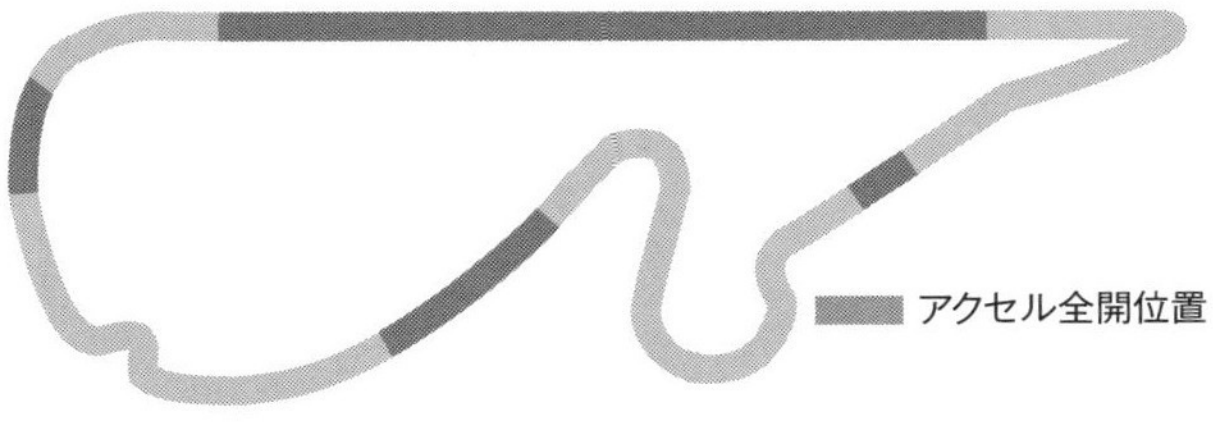

※コースは1989年当時

アクセル全開で走る距離は長いものの、秒数にしてたった 15 秒しかない。ラップタイム全体の中ではわずか 18％程度となる。勝負のカギは残りの 82％にあった。

で、最も大事な信頼耐久性と燃費を大きく損なってしまうという無残な結果です。

では、どうするか？

物事の本質を見極める1つの典型です。

これがわかると、仮にあなたがチームの監督になったとしてもレースで間違いなく勝てます。

まず、静岡県御殿場《ごてんば》にある日本の代表的なサーキットの1つ富士スピードウェイを例に考えてみましょう。

このサーキットでは、800馬力の出力をフルに使用できるのはわずか15秒程度なんです。だから馬力が足りなくてストレートの最高速度が多少遅いというのは、全体的なデータから見ると必ずしも弱点ではない。

そして富士スピードウェイをレーシングカーが1周走るとき、最高のエンジンで最高のスピードで走り抜けている区間はどこだと思いますか？

レースを知らない人がわからないのは当然ですが、じつはグランドスタンド（特別観覧席）前の長いストレートだけといってもいいくらいなんです。

サーキットを1周走るクルマの本当の姿を分析すると、最高出力、最高速度で走っている区間は全体の18パーセントしかない。残りの82パーセントの区間は、アクセルを戻してブレーキを踏んだり、ヘアピンカーブやコースの状況に合わせたりしながら走っていたのです。

これが、レースの本当の姿なんです。

だからレースで勝つためには、最高馬力で走っていない残り82パーセントの区間で相手より速く走れるクルマをつくること。そこでタイムを稼ぐことができると、最高出力を競い合うストレートエンドで無理する必要がないのでクルマが壊れるということもない。

実際、僕のつくったクルマは壊れていません。ドライバーのミス以外でのリタイアはないんです。

また、燃費もすごく良くなり、ピットインのタイムロスが少なく、実質ラップタイムを短縮するのと同じ効果が出る。

つまり、レースで勝てるクルマをつくる秘訣は、最高出力や軽量化による最高スピードの競走ではなく、アクセルを戻して半分しか踏まない状態でいかに速いクルマをつくるか、なんです。

これが、レーシングカーに求められている勝つための本質だったのです。

それまでレース業界で、こんなことを考える人がいなかったから、僕は1年目でチャンピオンを獲得できたんです。

「こんなことを考える人がいない」ということは、多くの人が「思考の盲点」に陥っているということです。逆にいえば、そうした盲点にこそ、他人からすれば非常識だけど物事の本質が隠れているのです。

タイムを上げるのに、カネもリスクもいらない

もう理解していただけたと思いますが、速いクルマをつくったからといってレースで勝てるというものではありません。

前項ではクルマの開発面でレースに勝つための本質を証明しましたが、じつは思考の盲点はまだまだ潜んでいます。つまり、視点を変えるだけで簡単に見つかる勝利への非常識な本質は眠っているというわけです。

グループCは、F1レースと違って24時間連続走行、走行距離1000キロといった長丁場の耐久レースです。

すると、クルマは何度もピットインすることになります。

レースにはピット作業というものがあります。クルマの燃料を入れる、タイヤやブレーキの交換をする、メンテナンスをする、オイルの補給をする——というように、ピットにはクルマを最高の状態に維持するためのすべての要素が入っている。しか

も、すべての作業はチームとして素早く対応しなければなりません。

チームの人数も、ニスモはレース部門と開発部門で合わせて50人でしたが、レース当日ともなると広報や間接部門など他の部署からも人が出てくるので、その総数は100人を超えることもありました。それだけの人数になると、ピットのバックグラウンドでトラブルがないように考えることも監督の仕事です。

レースをクルマの速さだと考えるのは、ハッキリ言って自動車雑誌や趣味の世界です。

実際には100人規模のチームが、耐久レースなら24時間、走行距離1000キロという長丁場を、緊張感と集中力を維持しながらゴールを目指すチーム力の勝負なのです。

ここで求められるのは、クルマの速さの勝負ではなくマネジメント能力なのです。

たとえば、前年は富士スピードウェイを1分20秒で走った。今年は、これを1分18秒に上げたいと考えたとします。

たった2秒の差ですが、この2秒というのはレースの世界ではとんでもないリスクをはらんでいます。

それは何か？

すでに参加チームは、タイムを競って限界まで追い込んでいます。この2秒のためにタイヤが垂れる、ブレーキが摩耗《まもう》する、ガソリンが不足する、挙げ句の果てにクルマが壊れるというリスクが増していくということです。

でも、それまで50秒かかっていたメカニックのピット作業を30秒に短縮できたらどうでしょう。

全体的に時間を短縮するには、どちらの効果が大きいでしょうか？

簡単ですよね。

明らかに、クルマを2秒速く走らせるよりもピット作業にかかる時間を20秒短縮したほうが効果的です。

ピット作業の時間短縮にはカネもかからないし、リスクも発生しません。まさに目的合理性にマッチしています。

こういうところにも思考の盲点があるのです。

では、僕は具体的にどんな手を打ったか。

レースの現場では、それまでドライバーとメカニックが強い発言力を持っていました。速さはドライバー、メンテナンスはメカニックということで、両者をイコールに見ていなかった。さらにメカニックとエンジニアとの関係では、メカニックがエンジニアを手足代わりに使うというのが一般的でした。

僕はレースで勝つために、そうした慣れっこになっていた思考の盲点を突いていきました。

あえてエンジニア、メカニック、ドライバーの仕事を「最高の効率」でレースをやるために明確に業務と責任を分けることにしたのです。目的合理性を追求していくと、そうなるんです。

分けるモノサシは現在と未来という時間軸。未来を想像して次のための仕事をするのがエンジニア、いまあるものをベストの状態にして結果を出すのがメカニックとドライバーという具合に、ハッキリと仕事の領分を決めたのです。

そのためサーキットでメカニックが自分の判断で部品を換えたいと思ったとき、わざわざ予算管理等をしているエンジニアの承認を取らなくていいようにしました。

人の能力というものは、自ら頭を働かせるところにあります。決してメカニックに体や腕だけで働かせてはいけないのです。いわゆる自主性と選択権と、その結果に対する責任です。

　こうして、ピット作業の時間短縮へ向けた最初の一手を打ちました。

いちばんデキる人間に作業させるな

　そして第二手。

　僕は、メカニックの体制そのものも変えようと思いました。

　メカニッククルーの中でいちばん腕があるトップメカニックの配置を変えることにしたのです。

　ピット作業をスピードアップさせるには、どうすればいいのか？

　たいていチームには、この人に仕事を任せたら間違いないというベテランのメカニックがいるものです。ふつうは、その人を先頭にしてピット作業にあたらせていると思います。

しかし、僕はまったく逆の手法をとりました。

ベテランで優秀なトップメカニックをピットのいちばん後ろに下げて、あえてクルマに触らせないようにしたのです。

もちろん、僕がこれをやったときには、またもや社内からものすごい批判が出ました。

「水野は人を見る目がない」

「人の好き嫌いが激しい」

そんな批判ばっかりでした。

誰も、僕が何のために優秀なメカニックを後ろに下げたのかがわかっていませんでした。

たしかに、いきなり力がある人に「もうクルマに触らなくてもいい」なんて告げたら、言われた本人はピット作業に従事したくてウズウズしたり、仕事を外されたと勘違いして落ち込んだりすると思います。

実際、当の本人も当初はウズウズしていましたし、ガッカリもしていました。

ある日、僕はそのメカニックを呼んで言いました。

「おまえを後ろのピット内に下げるけど、おまえがピット作業を教えたいと思っている人間を4人推薦してよ」

要するに、この4人を鍛錬し、育て上げろということです。

すると、この人は仕事をしたくてウズウズしていますから、自分が選んだ4人に一生懸命になって教えます。

いくら優秀なトップメカニックでも、自ら工具を持って現場で作業をしていたらほかのメカニックの様子なんて見ていられません。

でも、自分がクルマから離れると、それまで以上にほかのメカニックがやっていることがよく見える。

どんなに優れていても、1人のメカニックが1人で作業をしていたら、いつまでたっても1人分の仕事しかできないのです。

でも、4人選んで作業手順やピットでの動きなどを教えることによって、半年後には4人の人間がトップメカニックの技術を覚えるのです。

トップメカニックの役割は、現場の作業が遅れているのなら、その原因を探り、全体のバランスを素早く整え、打開策を考えるというもの。そうすることで若いメカニックも成長するし、無駄のないチームが育っていくのです。

チームが育っていくというのは、こういうこと。時間軸で言うと、それが未来に繋がっていくのです。結果的に、個人の能力をチーム全体に生かすことができるようになるんです。

レースでチャンピオンを獲るようになると、それまでニスモのことを批判的にしか書いていなかった自動車雑誌が手のひらを返したように「ル・マンでもデイトナでも、ニスモのやることは精密機械のようだ」と書くようになりました。

「おまえたちがピット作業を5秒早くやってくれたおかげで、ドライバーはペースを5秒落とせたし、ガソリンやタイヤ、ブレーキもセーブすることができた。だから、今日のレースで勝つことができたんだ」

メカニックの連中にそう言って激励しました。

こうした前向きの雰囲気にチームが包まれてくると、スタッフのモチベーションも違ったものになっていくのです。

あえていちばん後ろに下げられたトップメカニックは、教えるだけでなく、いろいろなことを提案するようになってきます。

リーダーとしての新しい仕事がつくられていくのです。

「新しいジャッキが売り出されました。それを試してみたくて、そのメーカーとコンタクトを取りました。今度のレースにメーカーの人を連れてきますので、ピットパスを3枚もらえませんか」

自分からメーカーにまで行って、世界最新のツールを手に入れようとしているわけです。

こうも言ってきました。

「アクシデントが多いスタート前後と、レースが落ち着いてきたときでピットの中の部品と人の配置を変えましょう」

これが勝てるチームなんです。

かつてサラリーマン仕事と揶揄《やゆ》されていた人が、たった1年で仕事に取り組む意識が変わり、大きく変身していったのです。

半年前まで「日産チームはサーキットでサラリーマン業務をこなしている」と言われていました。

それが各自に裁量権が与えられたら、その年からレースでチャンピオンを獲得し、3年後には全戦全勝するようになっていったのです。

これが、人が持っている本当のパワーというものなんです。

勝利のパターンは1つではない

レースで勝つということは、ドライバーが必死に汗をかいてクルマを走らせることではなく、チーム全体として最大の効率を発揮して仕事をすることです。

僕は、レースそのものもマネジメントしていました。

レースのシミュレーションの目的は、過去に起こった事実をきちんと整理することです。シミュレーションで使うデータは単に任意の係数を入れてコンピュータ計算したものではなく、過去1年の競合他チームのテストからレースまでを含めた全データを入れた事実に基づいたものが大事です。

クルマの走りをデータベース化したことで、いろいろなことが見えてきました。レースに参戦するとき、クルマが進化した結果として起こるであろうこと――事故などのアクシデントでペースカーが出たり、レースが中断したり――までの予測をも加味したシミュレーションを入れたタイムチャートを作成し、それに従ってドライバーにもサーキットで走ってもらいました。

だから、僕はドライバーの仕事も改革しました。

チームは、僕が指揮をとる前まではドライバーが神様として君臨していました。当時、星野《ほしの》一義《かずよし》選手や長谷見《はせみ》昌弘《まさひろ》選手というトップドライバーがいて、彼らが神様。チームのスタッフは彼らの指示に従い、クルマをセットアップしてレースに臨んでいたのです。

グループC国内メーカー選手権レースの様子。連続チャンピオンを獲り、全戦全勝するためには、たとえ公式練習で勝利が難しいと思われる結果が出たとしても、チームのマネージメントや作戦で勝利に変えなければならない。それがリーダーの大事な責任。

長らくエンジニアの世界にいた僕は、そうしたドライバー重視のレース体制にも疑問を持っていました。

そこでレースに参加する前、星野選手と長谷見選手に言いました。

「これまでチームとしてのマネジメントが薄く、あなた方のレース経験とドライビングスキルのみに頼っていた。しかし、俺はチーム全体で最高の効率をつくっていきたい。それこそが勝利を呼ぶんだ。だからこれからはチームオーダーをいかに人よりも高い次元で完璧にこなすかが、あなた方の腕に求められていることなんです」

ドライバーはクルマに乗ったあと、見え

ているのは目の前を走っているクルマと掲示板に表示されている自分のポジションだけです。レース全体の流れやライバルの状況は見えないのです。

だから僕はレースでも、ドライバーに「エンジンは何回転で、スピードを何キロに抑えて、どのクルマの何メートル後ろにつけろ」というポジショニングや走り方まで細かく指示していました。

トヨタがガソリンを使いすぎている――。

ジャガーのタイヤが擦り減って、もう限界だ――。

ポルシェがブレーキの摩耗でペースを落としはじめた――。

こんなことが起こるサーキットで、レース全体が見えているのは監督なんです。

トップを争っていたライバルがトラブルを起こしてよれてきたとき、勝つためにトップでぶっちぎる必要なんてない。

そのクルマの後ろにくっついて相手が潰れるのを待ったほうが、自分のクルマも長持ちするのです。

でも、そういう判断はドライバーにはできない。

ドライバーは、やはり相手を抜きたいのです。

レースに勝つことの本質を見極めれば、いろいろなパターンが見えてきます。でも、それはドライバーにはできないことなのです。

ところで、走行距離1000キロの耐久レースでトップがチェッカーフラッグを受けた瞬間、2位は100メートル後方にいる。テレビの実況中継ではアナウンサーが「ぶっちぎりの勝利」と叫びますよね。

これって、何だか変だと思いませんか？

1000キロを6、7時間かけて走ってもわずか100メートルの差だったということは、全走行距離の1万分の1の差。パーセンテージで言ったら0・0001パーセントの差ということになります。

この精度ではかれる時計やモノサシもありません。やはり、これは「ぶっちぎり」ではありません。

これはクルマの速さの差だったのか、チームのマネジメントの差だったのか？

みなさん、おわかりですよね。むろんマネジメントの差です。

つまり、レースで勝つも負けるもマネジメント次第。そこにレースの真実や本質が潜んでいるのです。でも、大半のレース関係者は、そういう視点でレースを見ていません。

僕はレースで、持てるかぎりのマネジメント能力を発揮し、たとえ0・0001パーセントの差であっても勝とうとしているから、ふつうの人とは違う作戦で勝負できたのです。

大事なことは、人と同じパラメーターで物事を見ないということ。

常識的なパラメーターで勝負に臨むと、勝てる場合と勝てない場合が最も良いコンディションでもフィフティ・フィフティになってしまいます。それでは連戦連勝なんて達成できない。

レースというのは、自分が本当に速くて勝てるケースと、人を潰して勝つしかないケースがあります。

勝つことに徹すれば、いろいろな勝利のパターンが見えてくる。でも、それはドライバーにはできない。

監督が組み立てて闘う。

だから、ピットクルーとドライバーが完全に連結する。

1992年に、ニスモはデイトナ24時間レースで総合優勝しました。日本車と日本人ドライバーだけで総合優勝したのはこのときがはじめてです。

だからこそ、われわれとしては配慮すべきことがありました。

もし、ぶっちぎりで勝ってしまうと、きっとアメリカ人は日本人に対して、翌年にはレースの規定を変えてハンディキャップをつけるだろうということです。

本当は15ラップぐらいの差をつけて独走状態でチェッカーを受けて初出場、初優勝といきたかったのですが、そこは抑えて、2位との差が15ラップからひと桁の9ラップになるまでピットで洗車をしていました。

こんなことも、レースをマネジメントとして、常識にとらわれずに本質で考えるからできることなのです。

あなたにも「非常識な本質」が見つけられる

何度も言うようにレース監督は未経験でした。

そんなド素人の僕が人に頼らず、自分で考えることによってレースの本質を見つけ出し、「思考の盲点」によってフタをされていた勝利への最善策を準備することができたのです。その準備こそが勝利という結果を生んでくれたのです。

これはレースやクルマの開発に限った話ではなく、あなたの普段のビジネスの裏にも同じように隠れているのです。

あなたは、僕だからレースの本質をつかまえることができた、それが日産という大企業にいたからできた――と、そう思っていませんか？

そんなことはないんです。

日産自動車でやる世界レベルの仕事を、中小企業化したからできたのです。

あなたにだって物事の本質、つまり「非常識な本質」をつかまえることはできます。

手品でも種明かしをすると、カラクリなんて簡単なことです。「非常識な本質」も、それと一緒なんです。

次章から、誰でもより確実に「本質」をつかめるようになるための方法と思考法について詳しく展開していきましょう。

そうそう、その後グループCはどうなったかお伝えしましょう。

僕の日産チームが勝ちすぎて参加チームがトヨタと日産だけになり、レースそのものがなくなってしまいました。

でも、レース界に身を置いた4年間の時間と経験は、僕がのちに世に出したマルチパフォーマンス・スーパーカー「日産GT－R（R35型）」を誕生させるうえで大きな糧となったのです。

第2章 はみ出し者が生きる道

僕は天才でも平凡でもなかった

読者のみなさんも、物事の「本質」をつかまえることができるという証拠をお見せしなければなりませんね。

本来は、「平凡な人生を送ってきた僕ですら本質を見抜くことができるのだから、あなたにできないはずがないんです」などという語り出しで、僕の幼少期からの話をするのがベストなのかもしれません。

しかし困ったものです。

残念ながら、僕は平凡ではありませんでした。

では天才だったのか？

いやいや、そんなわけがありません。

つまり、平凡以下のはみ出し者、バカ者でした。

まあ、それゆえ結果的に、他人と違うものを見る目が養われやすかった、という見方もあるのかもしれませんが。

ともあれ、エリートではなかったことは間違いなく、この章でお話しする僕の幼少～青年期に至る道のりを一緒に追体験しながら、本質を見抜くヒントを得ていただければと思います。


僕は1952年、長野県の奥深い温泉街で生まれました。

物心ついたときから、オモチャが好きでした。幼稚園のころ、東京に働きに出ていた父親にせがんではリモコンで動く電気のバスやロボットを買ってもらいました。

ふつうの子どもならそのオモチャで遊ぶのですが、僕は違っていました。

僕の場合、半日もすれば押し入れの中で、ドライバーとペンチを使ってバラバラに分解してしまうのです。

そして分解したら、さらに自分のオモチャにつくり替えないと気がすまなかった。

もちろん、両親は最初のうちは怒っていました。

「わざわざ東京からいちばん新しいオモチャを買ってきたのに何で壊すんだ⁉」

でも、分解することへの執着ぶりを認めてくれて、面白がって眺めるようになっていました。

僕は幼いころから扱いづらい人間だったのです。

当然学校では「悪ガキ」でしたし、とても学級委員をやるような「優等生」じゃなかった。もっと正直にいえば、学校が好きじゃなかった。

筋金入りの学校嫌いだったんです。

学校が嫌いになったきっかけは、小学校の入学式。みんなが体育館に集められ、お行儀良く整列して校長先生のダラダラした話を聞かされる。私語は厳禁で、身動き1つできない。

これが、まず我慢できませんでした。型にはめられるのが嫌で嫌でしょうがなかったからです。

入学式が終わって教室に戻ると、「何でこんなことをさせるんだ。こんな学校なんか入りたくない」と大暴れ。勢いで教室の扉を飛び蹴りでぶっ壊したんです。当時、プロレスが人気で、その真似をしました。

当然、先生からは怒られます。

そのまま引きずられるように職員室に連れて行かれ、水がいっぱい入ったバケツを両手に持って廊下に立たされました。

いま振り返ってみれば、大人よりも子どものほうが本質を見抜く目を持っているのではないかと感じています。

お気づきでしょうが、本質を見抜くためにもっとも重要なのは型をぶち壊すこと(ただし扉を飛び蹴りで壊すことではないですが……)、型にはまらないことです。ある意味、「バカ」と言われる勇気を持つことでもあります。

人間は、ともすれば自由を奪われることで安心感を得る矛盾した生き物です。

僕に限らず、多くの人たちは小・中学校時代、個人差はあれど学校のルールや習慣に慣れるまで時間がかかったことでしょう。

しかし、徐々に集団のルールに慣れてきて、最後には規則や押しつけに疑問を持たなくなっていく——。

学校に限らず、会社もそうです。

「会社が決めたから」
「いままでこうしてきたから」
「役員が言ったから」
と、疑問を持たず、言われたことに疑問を持たず、言われたとおりにやっていませんか？

それでは決して他人と違う発想は生まれません。

なぜ優等生につまらない人間が多いのか？

もし、人類がみんなものすごい記憶力と学習能力を有していたなら、世界はもっと進化していたでしょうか？

ある面では、進化していたのは間違いないでしょう。

しかし、僕はイマジネーションやクリエイティビティから生み出される結果においては、進化どころか、退化したのではと考えています。

思考のマップ——本質は感性があるから見つけられる

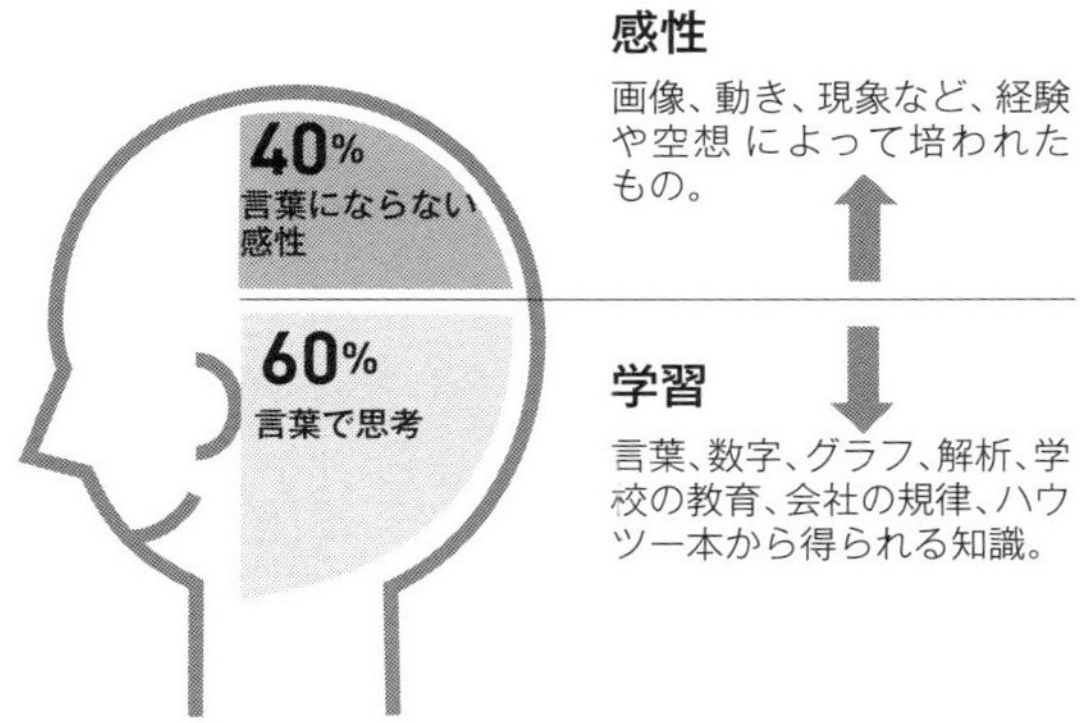
40%
言葉にならない感性
60%
言葉で思考
感性
画像、動き、現象など、経験や空想によって培われたもの。
学習
言葉、数字、グラフ、解析、学校の教育、会社の規律、ハウツー本から得られる知識。

莫大なデータ量（学習）と、莫大な経験値（感性）によって本質をとらえ、イノベーションを生み出す。

僕は、独自の思考のマップを持っています。これが科学的に証明されているかどうかはともかく、僕の経験から考え出した単純なイメージです。

人間の脳の60パーセントは言葉で思考していますが、残りの40パーセントは「言葉にならない感性」（画像、動き、現象など）で想像しているのではないか——。

そんなイメージです。

わかりやすい例をあげれば、小説家という仕事は、この「言葉にならない感性」を言葉にすることなのかもしれません。一流の芸術作品は言葉を超えた感性の世界で評価されていますよね。

僕は、レースはもちろん、クルマの設計においても世界と闘ってきました。そこで気づいたのは、世界のトップは感性で勝負しているということです。

考えてもみてください。知識がいくらあっても、所詮コンピュータには勝てません。いくら学校の勉強ができたからって、革新的なものが生み出せる保証はどこにもないのです。

むしろ、覚えたこと——つまり過去の情報だけでつくっていることになります。

では、コンピュータにできず、人間にできることとは何か?

記憶と知識を感性と想像の力によってありもしない未来を創造する——。

人間の強みはそこにあるのです。

前置きが長くなってしまいましたが、僕は小学校時代、知識はまったくつめ込まず、感性ばかりを膨らませていました。

小学校に入ってからの僕の楽しみは、学校への行き帰りの道を1人で空想にふけって歩くことでした。

家から学校まで子どもの足で40～50分。

至福の時でした。

学校に行くと、先生の言うとおりにやりなさいと強制され、文部省（現文部科学省）の学習指導要領に従って知識だけが教え込まれる。

その反動だったのかもしれませんが、この息苦しい学校教育と誰にも邪魔されずにいろいろなことが自由に空想できる学校の往復の時間とのギャップを、子ども心にも楽しんでいたし、自由を感じていました。

空想の内容は、自分が蒸気機関車（SL）の機関士になって上り坂で一生懸命スピードを出そうとしている姿だったり、自分で設計した飛行機が空を飛んでいる光景だったりと、いろいろでした。

当時、信越線にはまだSLが走っていました。

そのSLを見た日には、また別の空想がはじまります。

狭い運転席に2人の機関士が乗り、汗をかきながら黙々と石炭をくべている。人の手で石炭をボイラーに入れる仕組みを、ベルトコンベア仕様のものに改造することで自動化できないものか。ベルトの動力に蒸気の圧力を連動させれば石炭は自動的に供給できるのではないか、と頭の中で想像するのです。

小学生時代に幾度となく繰り返していた乗り物をめぐる空想は、将来の私に大きく投影されています。

不思議に思われるかもしれませんが、日産GT－R（R35型）の開発の地、ドイツ北西部のニュル（ニュルブルクリンク）で試作車のテスト走行をしているとき、僕はピットにいながらにして、ドライバーがいまどこを走り、何に苦労しているかが見えていました。

見えるはずのないものが感性と想像という力によって見えるようになる能力が、いつしか備わっていたのかもしれません。

それは、この小学生時代の自由な空想遊びによって感性が鍛えられていたからです。きっと信じてはいただけないでしょう。

あるいは、「どうせ水野だから」と思っていませんか？

しかしみなさんだって、僕と同じように見えないはずのものを日々見ているんです。

「この人はいま、とても幸せなんだろうな」

「この人はいま、悲しんでいるな」

「もうひと押しすれば、この素敵な女性は俺に振り向いてくれるな」

そんなふうに、人の心を見ているのです。

小さなころからの対人コミュニケーションによって育まれた感性が、あなたの想像力に働きかけているのです。

あなたもきっと、小学校のころは僕のように空想の世界を楽しんだことがあったでしょう。

そして感性が育っていったはずです。

そして子どもに限らず、じつは大人になっても感性を鍛えることはできるのです。

一度死んで気づいたこと

感性を鍛えるのは大切です。

しかし、もちろんそればかりでは結果をつくり出せません。

イノベーションは、圧倒的な知識の蓄えがあってこそ精度が上がり、感性によって花開きます。

しかし、僕は中学生になっても、相変わらず勉強が嫌いで、学校の成績は下から数えたほうが早かった。

勉強をする意味がわからなかったのです。

みなさんは子どもころ、何のために勉強していましたか？

やれと言われたから？

テストで良い点をとると親や先生が褒めてくれるから？

僕の人生にいちばん大きな影響を与え、その答えを教えてくれたのが母親でした。

母は苦労人で、家の都合で学校に行く余裕もなく、子どものころから奉公に出されていました。お手伝いとして、よその家に働きに出されていたんです。大ヒットしたNHK朝の連続ドラマ小説『おしん』なんて「笑い話よ」というくらい苦労して育った人です。

母は、よく言っていました。

「奉公暮らしが『おしん』みたいな生やさしい世界だったら、もっと楽しい子ども時代になっていたよ。私は、もっともっと苦労していたんだから」

僕が小学生のとき、そんな母に聞いたことがありました。

「じゃあ何か、楽しいことはあったの？」

「子守りの時間がいちばん楽しかったね。奉公先の赤ちゃんを背負って外に出て、自分の好きな本を読んでいる時間、好きな勉強ができる時間がいちばん幸せだった」

当時、この言葉の意味がよくわかりませんでした。そもそも奉公というものが、どんなものなのかすら理解していませんでしたからね。

でも、なぜか母が言った「自分の好きな勉強ができる幸せ」という言葉がずっと心の片隅に残っていたんです。

僕が中学2年になった春に、ちょっとした事故が起こりました。

「技術家庭」の実習用教材として、技術室には本物のオートバイが置いてありました。男の子なら当然、それに乗りたがります。昼休みになると、みんな技術室まで猛ダッシュ。われ先にと、オートバイの奪い合いがはじまるという有様でした。

ある日、昼休みを告げるチャイムが鳴り、いつものように教室から技術室までオートバイの争奪レースがはじまりました。

もちろん、僕もそのレースに参加しています。ほかの生徒は廊下から行くのに、僕は近道をしようと中庭を走っていきました。ところが、中庭の柱と柱の間には雑巾を干すための針金が張ってあったのです。

夢中で走っていた僕は、それに気づかず思いっきり横一線に張られていた針金に首をひっかけてしまいました。その反動で後ろにひっくり返り、近くにあった大きな石に頭を直撃してしまったのです。

目の前が真っ暗になり、そのまま意識を失いました。いまでも頭に大きな傷があります。骨膜を破り、血がたくさん流れました。

その後、意識不明になり寝込んでしまいました。いまでは笑って話せますが、当時は命にかかわる深刻な状況だったといいます。

幸いなことに意識が戻ったとき、うっすらと目を開けると枕元に母が座っていました。母は、目に涙をいっぱい浮かべていました。

僕の意識が戻ったのに気づくと、心配そうな顔がパッと笑顔に変わりました。

「おまえ、よく生きていたね。良かった、良かった。一度死んだんだから、これからは勉強もがんばりなよ」

朦朧《もうろう》とした状態で母の顔を見たとき、いつも母に言われていた言葉がパッと浮かんだのです。

「おまえ、勉強は自分のためにするんだよ」

母は、よく言っていました。

「みんな奉公に出されることを嫌がっていたけど、私は奉公先で赤ん坊を背負いながら、その家にあった本が読めることが最高の幸せだった。おまえには1冊の本のありがたさがわからないだろう」

不思議なもので、こうやって生死の境から生還したとき、母が常々言っていた「自分の好きな勉強ができる幸せ」という言葉の本当の意味が、なんとなくわかった気がしたんです。

勉強嫌いほど成績が上がる

この日を境に、僕は大きく変わりました。

勉強に対する目線が変わったんです。

学校の勉強は先生に教えられたことを覚えて、テストで良い点をとるというのがふつうのパターン。その点、僕は自分のためになることを学ぼうと思ったのです。

だから全教科を万遍なく学ぶのではなく、まずは好きだった理科や数学から勉強をはじめました。そのころ興味を持ちはじめていたジェットエンジンの設計には理科や数学の知識が欠かせない。そして、もしかするとアメリカで仕事をすることがあるかもしれないから英語が必要だ——と、それなりに自分で場面をつくり、動機づけをして学ぶ科目を増やしていきました。

それほど裕福な家庭ではなかったし、当時田舎には学習塾もあまりなかったので、完全な独学。あれだけ学校が嫌いで、勉強も嫌いだったのに、最後にたどり着いた結論は「勉強は面白い」。

学校から帰宅すると1時間だけ仮眠を取って、午後7時から晩ごはんを食べる。そして午後8時から翌日午前4時までの8時間、ジッと部屋にこもって勉強に没頭していました。それから朝までもう一度寝て、寝ぼけた顔をして登校するんです。毎日が、この繰り返しでした。

僕にとって夜8時から朝4時までの8時間は、誰にも邪魔されない、誰からも指図を受けない自分だけの至福の時間でした。自分が見つけてきた教材で、好きなだけ時間をかけて学んでいたのです。

教科書なんか関係ない。理科も数学も英語も国語も、どれも面白かったし、その後の僕のベースとなる部分をこのころの学びが培ってくれました。

勉強でも、その出発点を自分にすると面白くなるものです。

学ぶということは親のためでも、受験のためでもない。好奇心を満たして、自分を高めるためのものなんです。そして、どんな学問でも根っこの部分では繋がっていました。

石に頭をぶつける前まで学年410人中、下から数えて10番目くらいと無残なものでした。それが自分のための勉強をはじめたあと、テストを受けるたびに30〜40番ずつ成績が上がり、卒業するころには上から2番目になっていたのです。

学業だけでなく、ビジネスやモノづくりにしても、それに取り組む意識の持ち方次第でアウトプットも大きく変わっていくんです。

まず自分がどう生きていきたいのかを考え、自分のために学ぶ——本当の意味で自分を大事にするとは、そういうことです。

犠牲は喜んで受け入れるもの

小学生のころ、僕が就きたいと思っていた仕事は国鉄（現ＪＲ）の機関士でした。中学に上がると、目標はジェット戦闘機のパイロットに変わった。

ある日、パイロットになるにはどうすればいいか、母に航空自衛隊の人に聞いてもらいました。ブルーインパルスという曲芸飛行のチームに憧れていたんです。

しかし、僕の夢は無残にも打ち砕かれました。

血圧が低すぎたのです。パイロットは旋回飛行をしたりするので、血圧は健康管理のうえで最優先事項でした。１１０以上ないといけないのに、僕の最高血圧は１００以下しかなかったんです。

パイロットの道は、残念ながらあきらめざるをえませんでした。

次に目指したのは、航空機の整備士でした。ジェット機の設計や整備をしたかったのです。

ただ、当時の日本にはジェット機の設計会社がなかった。それでも、どこかで何か人の役に立つ機械をつくりたいという強い思いが自分の中でくすぶっていました。

そんなとき、パッと浮かび上がってきたものがありました。

クルマです。

伏線はありました。

中学3年生の夏頃、「オートスポーツ」という雑誌にデイトナ24時間レースの１枚のグラビア写真が掲載されていました。

夜明けのサーキットの白いバンクの上を真っ赤なフェラーリＰ４と真っ白なフォードのＧＴマークⅡが夕日を受けて走っているグラビア写真を見て衝撃を受けたのです。

「クルマって生きている！」

クルマから生き物が持っている生命力、美しさを感じたのです。

僕は当時、写真を何度も眺めては、クルマの素晴らしさに思いを馳せていました。なんとなく目標もなく毎日を過ごしていた僕の心に、メラメラとクルマづくりに対する炎が燃え上がってきたのです。

中学校の卒業文集には「俺は将来、世界の人が認めてくれるような素晴らしいクルマの開発者になるんだ！」ということも書きました。

そして１９６７年、僕は長野高専に入学しました。

クルマづくりの夢を持つ僕は、高専の3年生になると校長先生や学校主任、総務などにかけあって自動車部を立ち上げました。

ふつうの高校と違って高専には国から補助金がたくさん出ていましたから、校内に

1992年2月のアメリカ、デイトナ24時間レースの様子。日本のチームにとってはハンディキャップがあるレース規則での出場だったが、すべての記録を塗り替えた。日本製の車、日本人ドライバー、日本のチームで初出場、そして総合優勝を獲得。

は立派な実習工場がありました。その工場を使ってクルマをつくりたかったのです。幸い許可が出て、自動車部が無事に誕生しました。

自動車部というと、ふつうは出来合いの自動車を走らせている印象ですが、僕のやりたいことはフォーミュラーカーをゼロからつくることでした。部員は10人ほど。

学校が休みになるとみんなで実習工場へ行って鋳物づくりや板金、溶接の作業を自由にやらせてもらいました。

当時、軽のエンジンを積んだFJ（フォーミュラ・ジュニア）というレースカーのカテゴリーがあり、僕らはこのカテゴリーのフォーミュラーカーをつくって走らせていました。地方の新聞などで取り上げられたこともあります。

さて、そう言うとみんな褒めてくれるけど、冗談じゃない。

本当に大事なことはクルマをつくるために何をしたか、なんです。

クルマをつくるには、やはり資金が必要です。

立ち上げ当時の自動部には、まったくお金がなかった。自動車部の学生の財布から1000円札を集めたって車なんかできるわけがない。

そこで、僕は叔父さんが経営していたスナックで夜のバイトをはじめました。学校の授業が夕方5時に終わり、夜8時からスナック勤務。午前1時の閉店後、掃除をして家に帰って寝る。そして朝6時半に起きて学校に行くという生活で、そのころの睡眠時間は3〜4時間という有様でした。

そう、そのアルバイト代で自動車部のお金をまかなっていたんです。

それを自己犠牲だと思いますか？

僕は、それを自己犠牲とは思っていませんでした。

本当に大事なことは、自分の目的のためにどんなふうにがんばってきたか――。

僕は、アルバイトまでして稼いだお金を使って、自分が立ち上げた自動車部でクルマをつくることが楽しかったんですよ。

苦しみは楽しみ

苦しさを楽しさに変える――。

親の脛《すね》をかじってお金をもらって、好きなクルマをつくっても面白いわけがない。ふつうに考えれば、苦しさは苦しみでしかない。苦しさに楽しさなんてつかない。だから上っ面《うわつら》の楽しさばかり追いかけようとしてしまう。

しかし、人の人生には、「苦しさを知るからこそ楽しさを知る」という世界があるのです。

僕は、プロ野球の王貞治《おうさだはる》さんは苦しんで野球をやっていたと思っています。その苦しさに耐えたことで、最後は世界一ホームランを打ったという楽しさを味わったのです。きっと長嶋《ながしま》さんも、イチロー選手もそう。

目的意識もなく言われたことをやろうと踏ん張ったところで、ただ苦しいだけで終わってしまうのです。

世界一の楽しさを知っている人は、やはり世界一の苦しさを楽しさに変えることができた人なんです。

そこに物事の本質はあるのです。

そして、本質を見つけるためにもう1つ僕に大きな影響を与えた言葉があります。

また子どものころの話に戻りますが、僕は祖母と一緒に住んでいました。

いつも祖母が座っていた炬燵《こたつ》のそばの壁に、こんな言葉が書かれたカレンダーがかけてありました。

「悪いこと、天知る、地知る、人が知る」

まあ、居酒屋さんの壁に貼ってあるような「親父の小言」みたいなものだと言ったらそれまでですが、50年以上も僕の心の支えになっています。

子ども心に、お天道様はいつも僕を見ていると思うと同時に、悪いことだけでなく歯を食いしばって良いことをすれば、いつか誰かがわかってくれると、素直に感じたんです。

僕は現役時代、部下によく言っていました。

「苦労している姿なんか人に見せなくていいから、他人のために汗を流せ」

仕事での苦しさ、忍耐、踏ん張りが、お客様にはいつかわかってもらえると信じていたからです。

この本のテーマでもある物事の本質を知る道筋の中に、「悪いこと、天知る、地知る、人が知る」という言葉は外せません。

悪事とはいかないまでも、自分が好きだから、楽しいから、自分のためだけに仕事をしていては自分の世界からいつまでたっても抜け出せません。

人が見ていないところで他人のために一生懸命に汗をかくから、見えなかった世界が見えるようになるのです。

＊

さて、クルマづくりに目覚めていた僕は、当然ながら就職先として真っ先に思い浮かべたのが自動車会社でした。最初に門を叩いたのがマツダ。当時、マツダはロータリーエンジンを開発し、市販車だけでなく、レース活動でもロータリーエンジンを使っていました。

僕は、マツダのレース活動を担っていた会社に就職を相談してみました。しかし、その答えは「マツダ本体とレースでは、クルマの開発のスタンスはまったく違うよ」というものでした。

その後、人から「日産はそうじゃなく、メーカー・ワークスでやっている」ということを耳にしました。僕はレースをやっている自動車会社に入りたかったので、日産の門を叩きました。

当時は、そうした会社が魅力的に見えたのです。

第3章 「お客様は神様」の本当の意味

理想と現実の狭間で

思い描いていた未来と現実があまりにもかけ離れており、しかも自分1人のちっぽけな力ではどうしようもないという状況下に陥ったとき、あなたならどうしますか？

たとえば、「モノづくりができる！」と希望に満ち溢れて意気揚々と入社した会社で、クリエイティブとはほど遠い業務をやらされることになったとしたら。

僕の場合は、幻滅して他人に悪態をつきつづけ、荒《すさ》んでしまいました。

1972年、クルマの開発がしたくて日産に入社しました。

シャシー設計の担当部署に配属された僕は、いま振り返ってみるとじつに生意気な新入社員、人に頭を下げようとしない傲岸不遜《ごうがんふそん》な新人でした。

入社して2日目に、ベテラン主任に向かって言い放ったのです。

「何でこんなくだらないパーツの図面を描いているんですか。この道のベテランが、こんなレベルの低いことをやっていて本当に一流のクルマをつくっていると思ってるんですか」

入りたての新人にそう言われたら、誰だって怒ります。

もちろん大ゲンカになり、そのときは課長が仲裁に入って事なきをえましたが、一事が万事そんな調子でした。

僕は学生時代にフォーミュラーカーを丸ごと1台つくり上げたという自負がありました。その僕にしてみると、みんながクルマのパーツを1個1個、シコシコと設計しているようにしか映らない職場に我慢がならなかったのです。

これって何なんだよ――。

大企業になればなるほど社員は組織の一員として歯車のような仕事をさせられます。日産は組織が大きすぎて、クルマの設計が分業化されていたのです。

設計を担当している社員はたくさんいるのに、誰がクルマそのものを設計しているのかがわからない。

クルマの全体像をイメージすることができないんです。

だから、僕には部品メーカーの代わりにパーツの図面を描いているだけに見え、大いにショックを受けました。

これが天下の日産のやることか――。

正直、そう思いました。

僕は、自動車メーカーに入社するといろいろな技術が身につけられて、世界に問うような大きな仕事ができると思っていました。

ある程度の知識を身につけたあと、20代のうちに当時カーレースの最先端にいたイギリスに渡ってエンジニアとして修業し、帰国したら世界を驚かすような日本の自動車をつくってみたいと思っていました。

当時、鈴鹿サーキットのヘアピンでスカイラインがポルシェを追い抜いたというトピックスもありました。

でも、抜いたといってもわずか半周にすぎません。当時の日本とヨーロッパのクルマづくりのレベルには、まだまだ大きな格差がありました。その隔たりを自分が縮めてみたいという野心があったのです。

でも、現実は違っていた。

仕事に対する興味を失い、自分の夢や憧れと現実とのギャップに悲観しました。だから、会社は給料をもらうところ、あとは自分の人生を謳歌しようと割り切って生きることにしたんです。

入社したての分際で初っ端《しょぱな》から遅刻を繰り返し、しかも図面の上で涎《よだれ》を垂らして昼寝するという有様。涎で図面をダメにしたこともあった。

残業なんかしたこともなく、定時に退社。

そして勤務していた横浜から新宿や渋谷など夜の歓楽街へ繰り出す。お酒は体質的に飲めませんでしたが、仕事のことは一切忘れ、飲み屋で出会った人とワイワイやって、荒んだ気持ちを紛らわしていました。

有給なんて、むろん全部使い果たしていました。

会社に出ても相変わらず周りに悪態をつく日々。

「あなたは幸せな人だよね。日がな一日、こんなつまらない仕事をやって。ストレスなんて、全然溜まらないでしょう」

周りにしてみると、いまでいう「うざい」存在です。上司から「会社のゴキブリ、ダニ、ゴミ」と罵《ののし》られていました。

でも、僕はそれでいいと思っていた。

職場には、僕が思い描いていたような夢がなかった。

このまま自分が目指してきたクルマのエンジニアという仕事が終わってしまっても仕方ないと思っていました。

そんな僕に、ある日とうとう会社から鉄槌《てっつい》が下ったのです。

それはトヨタのお膝元《ひざもと》、所員30名ほどの名古屋の販売店への出向でした。いわば人生修業とクビ切りのためしの場が生意気な青二才に与えられたというわけです。

僕に抜けていた本質をとらえる決定的な視点

さて、そんな新入社員当時の僕に、決定的に抜けている視点があったことに気づきましたでしょうか？

これは本質を見抜くうえで、とても重要な要素の1つです。販売店に赴任してそれを知ったとき、僕は中学生時代に頭を打ったような衝撃を再び受けたのでした。

赴任して3カ月ほどで、僕は営業マンのトップスリーになりました。学生時代にフォーミュラーカーをつくり、ラリーやレースにも参加していた僕は、セールストークの材料には事欠かなかったのです。

出向する前、荒んで夜遊びをしていたことも、営業をはじめてみると今度はどんなお客様と話をしても抵抗がないという接客能力となって返ってきました。生きているってことは、なにも無駄がないということだったのです。

自分はエンジニアだという姿勢も見せずに、営業所のスタッフとも気さくに話をしていました。

もちろん、クルマに関する技術的なことを聞かれても、僕に答えられないはずもなかった。

お客様から「ちょっとクルマの調子が悪い」と言われると出向いていき、簡単な不具合ならディーラーや整備工場に持っていかずにその場で直していた。

お客様にしてみると、僕のような便利な営業マンはいません。

やがて面白いセールスマンがいると口コミで広がり、黙っていてもクルマが売れるようになりました。おかげで給料は倍以上になり、毎月の給料が半年に一度のボーナス並みになっていました。

以前のように荒んだ生活を送ることもなく、それはそれで楽しい日々でした。

しかし、僕の人生を変える決定的な日がやってきたのです。

車を販売してから1カ月ほどたったころ、体に障害がある人にクルマを売ったことがあったのですが、半年ほどたって、その人からまた電話がありました。

「いまのクルマは色が気に入らないから買い替えたい」

そんな理由で半年で買い替える――？

率直に思いました。

「あなたのように体にハンディキャップのある人はいいですよね。僕たちみたいに汗水垂らさなくてもいい、クルマを買うにしても保険があって、税金の優遇もあります。クルマの色が気に入らないと買い替えて、優雅な生活ですよね」

そして僕の軽口に対して、こう切り返されたのです。

「そういう目でしか、あなたはクルマを見られないのですか。あなたにとって、クルマはエンジニアリングの知ったかぶりの知識でしかないかもしれません。しかし、下半身が不自由な私にとって、クルマは自分の足なんです。あなたは、クルマが自分の体の一部だと思ったことが一度でもありますか。

あなたは、これまで何のためにクルマをつくりたかったんですか。お客さんのためじゃないんですか。あなたの話を聞いていると、いかに自分たちがいいクルマをつくっているかという話ばかりです。

でも、何のためにという答えは我々お客のほうが持っているんじゃないですか。お客は、知識やメカニズムでクルマを買っているんじゃないんですよ。体にハンディキャップがある私が、あなたが洋服を着替えるみたいにクルマの色を変えたいという気持ちを、あなたには理解できますか」

その人には、両足がありませんでした。

僕は、返す言葉が見つかりませんでした。

クルマのすべてを知ったつもりで天狗になっていた僕にとって、その人の言葉はあまりにも衝撃的でした。

さらに数日後、魚河岸に勤めているお客様がサニーを買ってくれました。僕は、性懲りもなくまたもや軽口を叩いてしまいました。

「クルマが壊れたからとパッとサニーが買えるなんて、そんなに魚河岸って儲かるところなんですか？」

また言い返されました。

「あなたは魚河岸が朝の何時にはじまるのか知っていますか。朝の４時半なんですよ。その時間には、まだ電車もバスも走っていません。だからといって、私が毎日タクシーを呼んでいたら家族４人が食べていけると思いますか。あなたね、クルマは私たちにとって生活そのものなんですよ」

同時期に２人のお客様から言われた重い言葉に、僕は脳天をガツンとやられました。

クルマはエンジニアリングでもカタログ上のスペックでもない！

お客様にとっては生きていくための道具であり、「お客様のクルマ」だ！

そんな当たり前のことを思い知らされたのです。

これまで当たり前のことを考えることができなかった――。

物事の本質をつかめていなかった――。

クルマの本質を知っているつもりでいた僕は、本当のクルマの本質を知らなかったのです。

独りよがりでクルマをつくっても、それをお客様が買ってくれなかったら、使ってくれなかったら、喜んでくれなかったら、なんの意味もない！

これはクルマに限らず、あらゆる商品に共通している本質なんです。

僕は、部品の設計が面白くなくて会社に居場所がないと不平不満を並べていた当時の自分の薄っぺらさを痛感させられました。

食事が1週間も喉《のど》を通らず、とうとう胃潰瘍《いかいよう》になりました。その治療のために病院に2カ月間も通ったほどです。

当時の僕にとって、この2人の言葉はそれほどの衝撃を与えるものだったのです。

チャンスはつかむものではなくもらうもの

「自分の力で運命を切り開く」というと、カッコイイ響きがします。

でも、この言葉を字面《じづら》だけで解釈したら、絶対無理だと言うしかありません。

少なくとも、僕レベルの人間にはそうです。

なぜか？

もし僕が2人に出会わなかったら、いまの僕はないからです。2人のおかげで、僕の生き方が変わりました。

いまでも、2人を人生の恩人だったと思っています。2人の住所も知っていますし、当時のシーンも鮮明に蘇《よみがえ》ってきます。

「人が財産」などと耳当たりの良いことを言われても、荒れていたころの僕は「くだらねえ」くらいにしか思わなかったでしょう。

しかし、2人に出会って素直に「人は財産」「お世話になった人を大事にしよう」

フォレスト出版　愛読者カード

ご購読ありがとうございます。今後の出版物の資料とさせていただきますので、下記の設問にお答えください。ご協力をお願い申し上げます。

● ご購入図書名　「　　　　　　　　　　」

● お買い上げ書店名「　　　　　　　　　　」書店

● お買い求めの動機は?

1. 著者が好きだから　　2. タイトルが気に入って
3. 装丁がよかったから　　4. 人にすすめられて
5. 新聞・雑誌の広告で（掲載誌誌名　　　　　　）
6. その他（　　　　　　）

● ご購読されている新聞・雑誌・Webサイトは?

（　　　　　　　　　　）

● よく利用するSNSは?（複数回答可）

☐ Facebook　☐ Twitter　☐ LINE　☐ その他（　　　　）

● お読みになりたい著者、テーマ等を具体的にお聞かせください。

（　　　　　　　　　　）

● 本書についてのご意見・ご感想をお聞かせください。

● ご意見・ご感想をWebサイト・広告等に掲載させていただいてもよろしいでしょうか?

☐ YES　☐ NO　☐ 匿名であればYES

郵便はがき

料金受取人払郵便

牛込局承認

9092

差出有効期限
令和7年6月
30日まで

162-8790

東京都新宿区揚場町2-18
白宝ビル7F

フォレスト出版株式会社
愛読者カード係

フリガナ お名前	年齢　　　歳 性別（ 男・女 ）
ご住所 〒 ☎　（　　）　FAX　（　　）	
ご職業	役職
ご勤務先または学校名	
Eメールアドレス メールによる新刊案内をお送り致します。ご希望されない場合は空欄のままで結構です。	

と思えました。

チャンスは出会った人からもらうのです。その人がいたから、自分が変われるのです。

さて、2人のお客様によって覚醒させられた僕は、お客様を「おもてなし」することに一層身を入れました。セールスは順調で、クルマを売ることが楽しかったです。

ただ僕は、やっぱりクルマの開発には携わっていたいと思っていました。すると営業所に出向してから1年後、僕は本社に戻されることになりました。

販売会社に出向する時点で、僕は本社での所属部署を設計から企画に移されていました。

しかし、本社に戻るとき再び設計に戻された。ある上司が僕を呼び戻してくれたのです。

「おまえは出向するまで会社のゴキブリだった。でも、俺はおまえを信じていた。おまえみたいに会社に入社する前からこれだけクルマに関する知識を身につけてきたヤツはそうはいなかった。おまえは自分の知識と技術の使い方をわからないで、ただ喚《わめ》

いていただけなんだ。設計の仕事が嫌いで荒んでいたわけではないことはわかってい
た。磨けば光る玉なんだから、もう一度がんばってみろ」

生意気だった僕に、今一度チャンスを与えてくれたのです。
祖母に教えられた「悪いこと、天知る、地知る、人が知る」ではないですが、あな
たがいま、捨て鉢になって荒んでいるとするなら、助けてくれるのは周りの人たちな
のです。

名古屋の営業所から本社に戻った僕は、以前とは人が変わったように懸命に働きま
した。

わずか1週間で2Aの設計図を8枚描き上げるのも苦ではなかった。当時はCAD
(コンピュータを用いた製図システム)なんて便利なツールはありませんでしたから、ド
ラフター(製図台)を立てて図面を描いていました。

明け方の4時、5時まで残業をするのも当たり前のようになり、有給は1日も取ら
なかった。

とにかく仕事をして、お客様が喜んでくれるものを世の中に出したいと心から思っ

ていました。

日本製は評価されていない

お客様を喜ばせたい、楽しませたいという視点からクルマづくりを考えるようになっていた僕は、セドリックやブルーバードの開発に携わっていました。

当時の日産は、セドリックのディーゼル車やブルーバードのFF（フロントエンジン・フロントドライブ、前輪駆動）、ブルーバード・マキシマなど新しいクルマを次々に世に問うていました。

僕にもまた、人のできないことをやってやるという自負心がありました。

しかし、クルマの世界は、そんなに生やさしいものではありません。やがて、大きな壁が立ちはだかってきました。

たしかにブルーバード・マキシマやオースター、スタンザの新しいラインナップ車は、当時としては珍しい仕様だったこともあって爆発的に売れました。しかし、僕には疑問がありました。

世界のユーザーは、このクルマに対して驚きを持って認めているのか――?

海外における日本車のイメージはどんなものなのか――?

最近は韓国のヒュンダイに猛追されているものの、性能は依然トップクラスで壊れにくく、アジアをはじめ欧米に行ってもトヨタや日産、ホンダのクルマを見ない日はない。日本車というのは世界では確固としたブランドとして確立されている――。

そんなふうに思っている人は多いことでしょう。

たしかに、当時から日本の自動車メーカーの売り上げの半分は輸出が占めていると言われていました。

しかし、僕にはその実感がほとんどなかったのです。

輸出されている日本車は、果たして現地でステータスをともなって乗られているのか――?

実際に調べてみると、現地の中産階級以上の人の日本車に対する関心は極めて薄いものでした。しかも、日本車が買われている理由のほとんどが「安くて壊れない」というもの。

世界のトレンドを見据えて、自信を持って投入したV6（V型6気筒エンジン）のFFも、現地では「パワーがあり、安くて壊れない」という理由で買われているにすぎなかった。

当時の日本車なんて、そんな評価にすぎなかったのです。おそらく、いまもその程度のギャップはあるのでしょう。

じつはクルマに限らず、電化製品もそうです。

ソニーやパナソニックの製品ですらヨーロッパでは競合商品より下げた値段で売られているし、ブランド力では現地のフィリップスやシーメンスには勝てていない。免税店へ行くと、パナソニックの鼻毛カミソリは20ユーロで売っていますが、フィリップスは30ユーロで売っている。セイコーの時計だって日本とアメリカで10万円の値段がついたものでも、ヨーロッパでは7万円くらいでしか値付けされていない。

つまり我々が思っているほど、日本メーカーの製品は、世界ではブランドとして評価されていないのが現実でした。

日本車が置かれている冷徹な現実を感じた僕は、それを思い出すたびに体に異変が出るようになりました。

週明けの月曜日に、朝起きると38～39度の熱が出るようになったのです。でも、体調不良を理由に「今日は休みます」と会社に電話した途端、熱が下がるのです。まさに精神的な病気でした。

いたたまれなくなった僕は１９８４年、現地調査のためにヨーロッパに向かいました。輸出用のオースターを現地に持ち込み、走行テストをしたのです。

現地では、まず代表的な欧州車を駆って、３週間にわたってオランダ、ドイツ、フランス、ベルギーを走りまくった。自分のつくったクルマの評価とポジショニングを確認するための実験でした。

欧州車に乗ってみて思い知らされたのは、クルマは単なるメカニズムの組み合わせではなく、スペックだけでは語りきれない何かがあるということでした。

フォルクスワーゲンのゴルフＧＴＩは、乗ったらウキウキしてクルマから離れられなくなった。しかも走っているときに、タイヤが地面にぴったりと張りついていた。

ベンツはかっちり、しっかりした走りをしていた。

それに比べて自分がつくった日産オースターは、アウトバーンを走っているとき路面のデコボコを拾ってしまい、乗っていても落ち着かなかった。しかも、音がうるさい。

この違いは、いったい何なのか——？

日本車はブリキのオモチャなのか——？

僕は、オースターがフォルクスワーゲンやベンツに比べてブリキのオモチャのように思えて仕方がありませんでした。

日本がヨーロッパを超えられない大きな理由

これまでメカニズムやカタログのスペックだけを追い求めてきた僕のクルマづくりとは、いったい何だったのか——？

またもや頭をガツンとやられた思いでした。

このヨーロッパ出張で、欧州車との違いを嫌というほど思い知らされました。そこにはカタログ的な機能性だけではなく、クルマ全体のコーディネートテクノロジーのようなものがありました。

欧州車には日本車にはない、文化に裏打ちされた感性がある――。

ヨーロッパの自動車メーカーは、「クルマは、お客様の感性で評価されるもの」という考えに貫かれている――。

欧州車に文化の匂いを覚えた僕は、これまで数字だけで表されていた機能性、カタログ的なスペック、メカニズムだけの本当は隙間だらけのクルマをつくってきた自分を深く恥じました。

でも、欧州車との違いを知ったヨーロッパ出張は無駄ではなかった。

僕が欧州車に乗って刺激を受けたように、逆にヨーロッパ人が教科書として扱うような日本車をつくるんだと強く心に誓いました。

そのためには、何をすればいいのか？

僕は、とにかく自分で考え抜きました。だって、どこにも参考になるものがないのですから。

夏休みの1週間、自室に閉じこもりました。そこで電気スタンドを点けて何かに取《と》り憑《つ》かれたかのように、クルマに関するあらゆる言葉を考えて紙に書き出していったのです。

広い、狭い、気持ちいい、ゆとりがある、ハンドルを切って楽しい、走りに安心感がある――などという言葉でした。

それを
「広い↕狭い」

「操縦安定性がいい↕操縦安定性が悪い」

といった感じで一つひとつの言葉をグラフ化していくのです。

いまみたいにパソコンのない時代でしたから、すべて手書きです。その量は、A3の用紙で2200枚という膨大なものになりました。

まさに言葉のデータ化です。

たとえば、

「乗り心地がいい」
「空力がいい」
「後部座席の乗り降りがしやすい」
「運転していて気持ちよく曲がることができる」
「ハンドリングが楽しい」

という感じで、いろいろな言葉を全部数値とデータに置き換えて書き上げたグラフを徹底的に分析しました。

僕はクルマの仕事をはじめてから、技術者が書いたマニュアルというものを一度も読んだことがありません。

なぜなら、「ああしなさい、こうしなさい、そうすればこうなります」と書かれているだけで面白くもないし、役に立たないから。

そこに書かれていることは方法論であり、規定論であり、もっと根本的に言ってしまえば「過去」「昔」だからです。

たとえば、専門書に「これがキャンバーやキャスターの最適値」だと書いてあったとしましょう。

では、その最適値は誰が決めたのか？

いつのベストだったのか？

将来はどうなるか？

クルマのパッケージやタイヤの構造が変わると、その最適値も違ってきますし、ロールセンターの位置だって変わります。

だからマニュアルや専門書を読んでも、ほとんど役に立ちません。

決定的なのは、そこにはクルマの本質についてまったく書かれていないことです。

僕は、あえて専門家の書いたものは一切読まないことにしていました。

むしろエンジンなら、そのエンジンが僕に語りかけてくることだけに耳を澄ませていました。エンジンそのものが教えてくれる言葉を信じて、そこを出発点に考えていたのです。

ただ、そうやっていくうちに、時に壁にぶつかります。

しかし、その壁にしても基本に返って物事の目的や成り立ちの本質を見ると突破できる壁であり、自分の頭の中でとことん考え抜くことで答えは出てくるものなんです。

たとえばジェットエンジンは、技術者が理想の形を求めて最高の仕事をして生み出されたものです。

それは単なるモノの名前ではなく、技術者がバーナー式の最高燃焼効率の推進機をつくろうとして、それが１つの形になったときに名づけられた名称がジェットエンジンなのです。

知ってか知らずか、僕が幼いころから変わらず貫いてきたのは本質を求めることだったと思います。どんなに正しい方法論を学んだとしても、新しいものを生み出すことはできませんからね。

そうした分析や感性を膨らませて１９８０年代半ばに生み出したのが、Ｐ10型の初代プリメーラのパッケージでした。

一流と二流のエンジニアの差

かつてクルマの開発現場では、ポンチ絵風の完成車のイラストを粘土で立体化し、そこに収まると思われるパーツを各部品メーカーが持ち寄り、積み上げて、1台のクルマを完成させようとしていたところがありました。

クルマに部品がうまく収まらないと、自動車会社は部品メーカーと交渉して部品をつくり直していた。極論すると、そうした部品を積み上げてみたら1台のクルマになっていた、というアバウトさがありました。

これでは開発の流れが逆なのではないか？

僕には、クルマづくりでいちばん大切なことはパッケージングだという概念があった。

つくりたいクルマの詳細なパッケージングドローイングと車両計画図があり、それがクルマの性能と機能の9割をつくり出す。それに基づいて各部品も設計する——というもの。

その概念を、僕はプリメーラの開発設計に取り入れました。

プリメーラはFFの4ドア。設計のポイントは、後部座席に乗る人のヒップポイント（お尻の位置）とリアホイールセンター（後ろのタイヤの中心位置）だった。

この寸法を決めると、クルマの機能の8割近くが決まってしまいます。それでドアの大きさ、ガソリンタンクの容量、トランクの広さなどの寸法が出てくる。さらにバックウインドの傾斜が定まると、空力まで決まってしまう。

空力とは、クルマが走ることによって空気から受ける力のこと。クルマが進む向きと反対に働く抵抗力、クルマに垂直に働く揚力、横から働く横力がある。

僕が自室に閉じこもり、1週間かけて2200枚のグラフを描いたエッセンスは簡単なことでした。

そして、FFのポイントはフロントではなく、リアにあるということにも気づきました。

クルマの車内を広いと感じるのか、それとも狭いと感じるのか？

それは、乗る人の感性に左右されます。

車内を広く見せるには、シートアングル（座面と背面の横から見た角度）の取り方がポイント。どんなに狭い車でもシートを寝かせるように設計して人の目線を上方と前方に向けるようにすると、たいてい「この車は広いね」と言われる。広さを求めるということは、必ずしも物理的な広さを追い求めることではない。それは、いかに人の感性を調整するかということなのです。

欧州車にはシートアングルを21度くらいまで起こして後ろにいっぱい荷物を載せられるものもあるし、逆に、それを29度くらいまで倒して客室を広く見せているものもあります。

こうした広さや狭さという言葉をすべて数値化したデータに置き換えていくと、クルマの設計者がいじくる余地なんてなくなってしまいます。広いとか狭いとか、どこのメーカーがつくったとしても変わるものではない。

だから、最初のパッケージングが大事になってくるのです。プリメーラの開発で何がほかのクルマと違ったかというと、言葉をデータに換えてつくったということでした。

そんな僕でも、クルマで「走っていて気持ちがいい」という感覚はなかなか言葉や数字では表せませんでした。

僕が考える人間らしさとは、やはり感性だと思っています。
日頃、想像力を持って人と触れ合い、そこで感じる力、気づく力を育んでいく——。
それこそが人間らしさの証ではないか。

二流のエンジニアは、データや過去の結果、計算に頼りがち。人の真似をして二番《にばん》煎《せん》じのモノをつくるだけなら理性だけでもやっていける。そこでは知識と情報の量で物事が決まります。

でも、人真似ではない新しいモノをつくろうと思ったら、なによりも感性と想像力が求められる。どんなに豊富な知識があったとしても、感性が豊かでなかったら、その知識が新しい機能や性能に変わりません。

ともかく、プリメーラはパッケージングによる骨格を得たことで一気に具体化していきました。

ヒット商品は99パーセントの反対から生まれる

しかし、僕が出した企画はとんでもない反対・反撃にあいました。夏休みが明けてプリメーラの提案書を出したときの社内の反応は、じつに冷ややかなものでした。

「ノーマルエンジンしかない、しかもサイズも価格も中途半端なクルマが売れるはずがない」

「仕事は夏休みの自由研究じゃないんだ」

みんな、こういう反応を起こすわけです。

当時の日産にはサニーという主力商品があり、バリエーションもツードア、フォードア、クーペ、ワゴン、ターボ、二輪駆動、四輪駆動とそろっていた。さらに売れ筋のブルーバードもスリーエス、ツードア、フォードアハードトップ、二輪駆動、四輪駆動とフルバリエーションだった。

一方、僕の提案したプリメーラは1600ccと2000ccのNAエンジンを搭載した二輪駆動のフォードアセダンのみ。ターボもなかった。販売価格はブルーバード並み、クルマの装備はサニー並み。

それでも僕には、プリメーラが売れるという確信があった。しかし、僕の提案は社内の企画や設計、営業から猛反発を食らいました。納得できませんでしたが、ある意味わからないでもなかった。

新しい商品やヒット商品は、発想が過去や現在の常識に留まったままの社内の人間が反対するからこそ生まれるのです。

カタログ値や会議の資料がつくりやすいものが会社では喜ばれるのですから……。

そのとき、僕は未来だけを考えていました。ヨーロッパ出張で体感していた「クルマは、お客様の感性で評価されるもの」という気持ちに信念を持っていました。

社内の反対に対抗するための手段は、とにかくプリメーラを早くつくってしまうことでした。このクルマを世に出せば必ず反響があると、そう確信していました。

当時、サニーやブルーバードという主力商品がある中で、その間隙《かんげき》を突いて世に出そうと狙っていたのです。

売り出したプリメーラは、やはり社内の大方の予想に反して大ヒットしました。いまでも乗っている人がたくさんいます。

念願だった「ヨーロッパ人がお手本にする教科書に」という目標も欧州カー・オ

ブ・ザ・イヤーで日本車初の2位を獲得するなど、達成することができました。プリメーラはヨーロッパでも話題を呼び、ヨーロッパ中の自動車メーカーがプリメーラを研究の対象として購入していました。

それ以降、ヨーロッパのメーカーから売り出されるクルマは、どこかプリメーラに似ていました。ベンツもひそかにプリメーラを手に入れて真似をしたという話もありました。

ヨーロッパの反響を耳にした僕は、クルマづくりの原点に戻って一から積み上げていくことの大切さを再認識しました。

自分のための仕事の目標なんていりません。

あなたの仕事の目標って何ですか？

僕の仕事の目標は、お客様の喜びだけです。

だから社内の抵抗にも耐えられるのです。

第4章 世界一を目指した型破りな開発

どうすれば欧州車に勝てるのか？

ここからは日産GT－R（R35型）開発をとおした舞台裏を紹介しながら、いかにして僕が「非常識な本質」を見つけたのか、それをお話しすることにします。

1994年末、本社の車両計画課長としてスカイラインGT－R（R34型）、ローレルなどの開発に携わっていた僕は、ニスモがやろうとしていたル・マンプロジェクトを任されました。そして翌95年、スカイラインGT－R（R33型）でル・マン24時間耐久レースに挑戦することになりました。

ル・マン24時間耐久レースとは、フランスのサルト・サーキットで行われる歴史あるレースで、24時間でのサーキットの周回数を競う世界3大耐久レースと呼ばれるものの1つです。

95年のル・マンでは、グループCのときのように準備万端でレースに臨むというわけにはいきませんでした。日本でのたった5カ月だけの準備で公式練習や車両検査な

1995年6月のフランス、ル・マン24時間レースにて。名物のジャコバン広場で車検を終えたあとの、ジャーナリスト向けの写真撮影の一コマ。チームがいかに少ない人員で、少ない予算で挑んだかがわかるシーンでもある。他チームはこの倍以上のスタッフがいる。

どタイムスケジュールをこなさなければなりませんでした。

参加していた全車がスターティンググリッドで隊列を組んだとき、予選を34位で終えていた僕はふと我に返り、居並ぶクルマを見て愕然《がくぜん》としました。

その中でGT－Rが場違いなものに思えたからです。

フルカーボン製モノコック（カーボンでつくられたクロスをコンポジットに成形しつくられた車体）のボディに空力エンジンを搭載したマクラーレンF1GTR、ポルシェGTR、フェラーリF40といったクルマが居並ぶ中で、生産車用の直6（直列6気筒エンジン）を載せた鉄板ボディのＧＴ－Ｒがみすぼらしく映りました。

それはレーシングカーの中に市販車が紛れ込んだようで、居心地の悪い気分でした。まるで参加者全員がブラックタイにタキシードで決めた一流のフォーマルパーティに、いきなりＴシャツにジーンズというでたちで現れた闖入者《ちんにゅうしゃ》のようなもの。

僕は１９９０年から、すでにグループＣ参戦用のクルマをフルカーボンで設計していました。そんな僕が、５年後に鉄板ボディのクルマを歴史のあるレースに参加させていたわけです。

いったい俺は何をやっているんだ――？

そんな思いにもとらわれました。

ル・マンでは通常、レースの１週間前に公開の車両検査が行われます。その検査で、ＧＴ－Ｒの車体重量が基準とされていた１２００キログラムを４００キロ以上もオーバーしていました。

そもそも車体重量の検査は軽すぎることをチェックするのが目的ですので、重量オーバーで問題になることはありません。ただ、秤《はかり》の針が飛ぶくらい重すぎて計測不能とわかったとき、観衆の間から失笑が漏れました。

そんなクルマでしたが、ル・マンには日本から多くのGT－Rファン、日産ファン、ディーラーがやってきていました。「GT－Rル・マンクラブ」も発足していました。

GT－Rは、それまでル・マンのレースに参加したことはなかった。

この耐久レースへの参加を実現させたのは、ファンの「俺たちのGT－Rを一度はル・マンに出場させたい」という熱い想いだったのです。

一瞬とはいえ、マクラーレンやポルシェ、フェラーリの雄姿に圧倒され、引け目を感じた僕は、そんな自分の情けなさを恥じました。

そのとき「水野ぉ～、がんばれ！」という歓声と大きな拍手が何百人という日本人グループの間からわき上がっていたんです。この声が、僕を我に返らせました。

GT－Rをこのレース専用レーシングカーの中で10位以内でゴールさせてみせる――。

そう心に誓っていました。

ＧＴ－Ｒは熱いストーリーを背負っている――。

それには、市販車だったＧＴ－Ｒのオーナー一人ひとりの「俺たちのＧＴ－Ｒ」という想いが詰まっていました。当時の日本には「ＧＴ－Ｒ神話」があったんです。

この鉄板ボディのクルマに、なぜ多くの人の期待が集まっているのか――？

その期待に応えるために、俺がやるべきことは何なのか――？

サーキットで立ち尽くしていた僕は、もう一度原点に戻り、タイヤのグリップ１つからクルマを見直してみようと思っていました。

もちろん、それが僕の仕事だった。

「俺たちのＧＴ－Ｒ」と思ってくれているオーナーたちは、多くがクルマの「速さ」を期待していました。

僕は、そのことを考えつづけていた。

どうすればＧＴ－Ｒを欧州車よりも速く走れるようにできるのか――？

クルマの動性能の原点であるタイヤのグリップ力（摩擦力）は「かかる荷重（Ｆ）×摩擦係数（μ）」で決まる。ル・マンに参加していたマクラーレンやポルシェ、フェラーリは、この「μ」で勝負していました。

タイヤを効果的にグリップさせるには、2つの方法があります。

1つ目は、マクラーレンやポルシェ、フェラーリなどライバル車が採用していた軽いフルカーボンボディに一般公道では使えない特殊なゴムでつくられたスポーツタイヤを履かせるというもの。

これらはエンジンが車体の中心付近に配置されるミッドシップで、運転席の後ろにエンジンとミッションが配置されるなど純粋なレーシングカー仕様でした。

株の世界に「人の行く裏に道あり花の山」という格言があります。僕も、ふつうとは逆の発想をしました。

あえて「非常識な本質」を探し求めたのです。

各社がやっているから、それが「常識」と思いがちですが、その「思考の盲点」にこそ答えが隠れているのです。

そのとき僕が探し出した「非常識の本質」は、あえて荷重をかけてタイヤのグリップ力を増やすというものでした。

これが2つ目の方法。

そして、いまある技術で荷重を良くするとなると、どうしてもエンジンを前方に配置するフロントシップに行き着くのです。

いわゆる「常識」の向こう側を考え抜くことで、いろいろなものが見えてくるのです。

レースがはじまる前のスターティンググリッド上で、そんなことを10分ほど考えていました。

そのときでした。

あるアイデアが、フ〜ッと頭に浮かんできたのです。

それは、FM（フロントミッドシップ）とPM（プレミアムミッドシップ）のパッケージ概念でした。この2つが同時にひらめき、頭の中を駆けめぐりはじめました。

FMパッケージもPMパッケージも僕の造語ですが、いまではふつうに使われるようになっています。

当時は直6（直列6気筒エンジン）のFR（フロントエンジン・リアドライブ。後輪駆動）

直6エンジンを使った FR（フロントエンジン・リアドライブ）方式の概念図

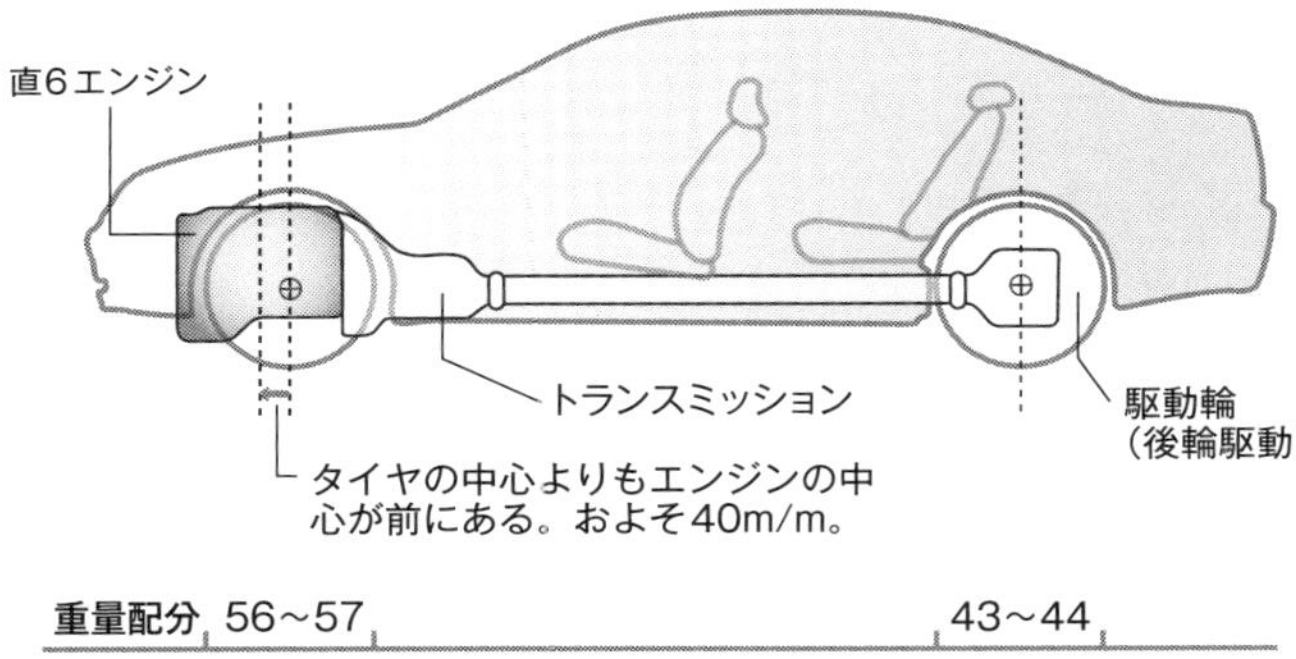

直6エンジンの中心位置によって重量配分が偏ってしまい、安定性が悪い。言うなれば、自転車のカゴに大荷物を載せて走っているイメージ。

が市販車市場の主流となっていて、クラウンやスカイラインもこれを採用していました。

これに対抗するフロントミッドシップという概念が、FMパッケージの真髄です。それはV6（V型6気筒エンジン）を搭載して、クルマの部品の中でも重量のあるエンジンとトランスミッションの位置と重量でグリップ（タイヤと路面との摩擦力）の荷重をコントロールするというもの。

なおPMパッケージはプレミアムという言葉がついているとおり、FMパッケージをさらに進化させたものです。FMパッケージがいまある技術を前提にしたものと

V6エンジンを使った
FM（フロント・ミッドシップ）パッケージの概念図

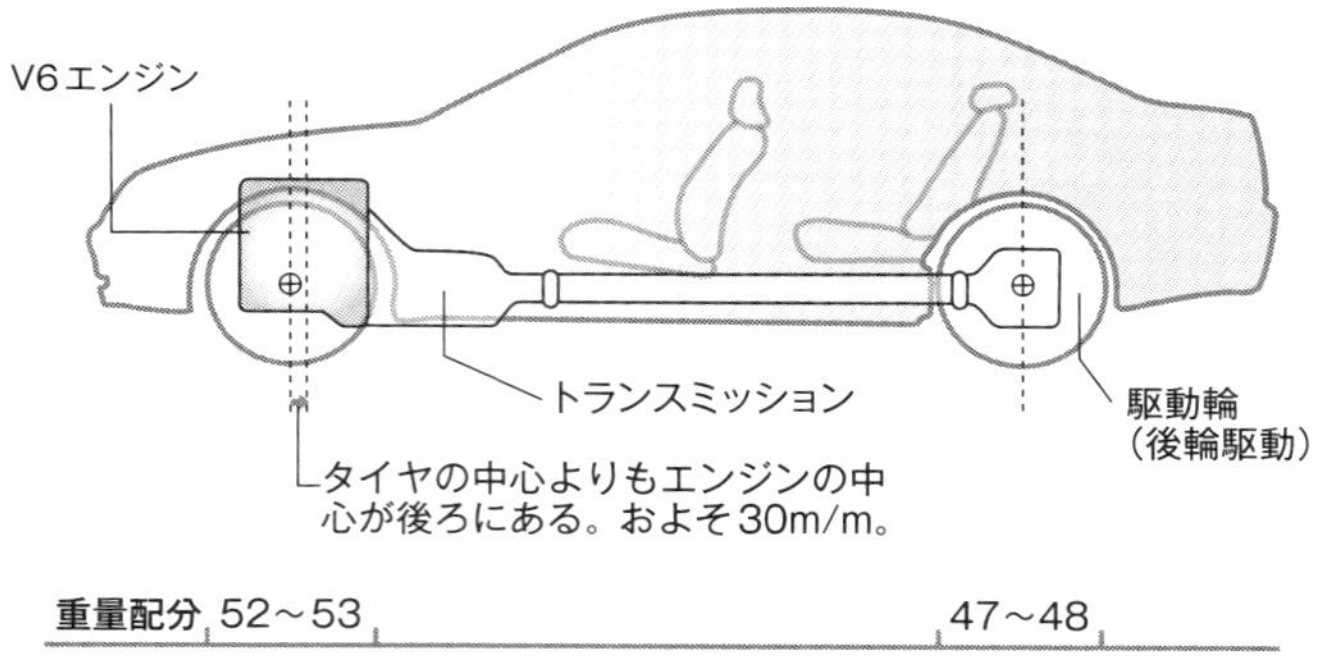

V6 エンジンをタイヤ後方に配置することにより理想的な重量配分を実現、クルマの前方の慣性力を減らし、範囲性能やブレーキ性能が向上する。エンジンの中心位置のわずかな差による絶大な効果をなかなか周囲に理解してもらえなかった。

すると、ＰＭはそれを超える未来の技術を使ったものということになります。

その開発への道筋が、このとき僕にはハッキリと見えたのです。

当時、僕にはＧＴ－Ｒで欧州車に勝つ自信なんてありませんでしたが、ル・マンのサーキットに立って、鉄板ボディのクルマで欧州車を抜き去るようなクルマをつくってやるという野心がメラメラと燃え盛ってきました。

日本のナショナルブランドカーをつくる――。

すでに僕の頭の中では、次のＧＴ－

V6エンジンを使った
PM（プレミアム・ミッドシップ）パッケージの概念図

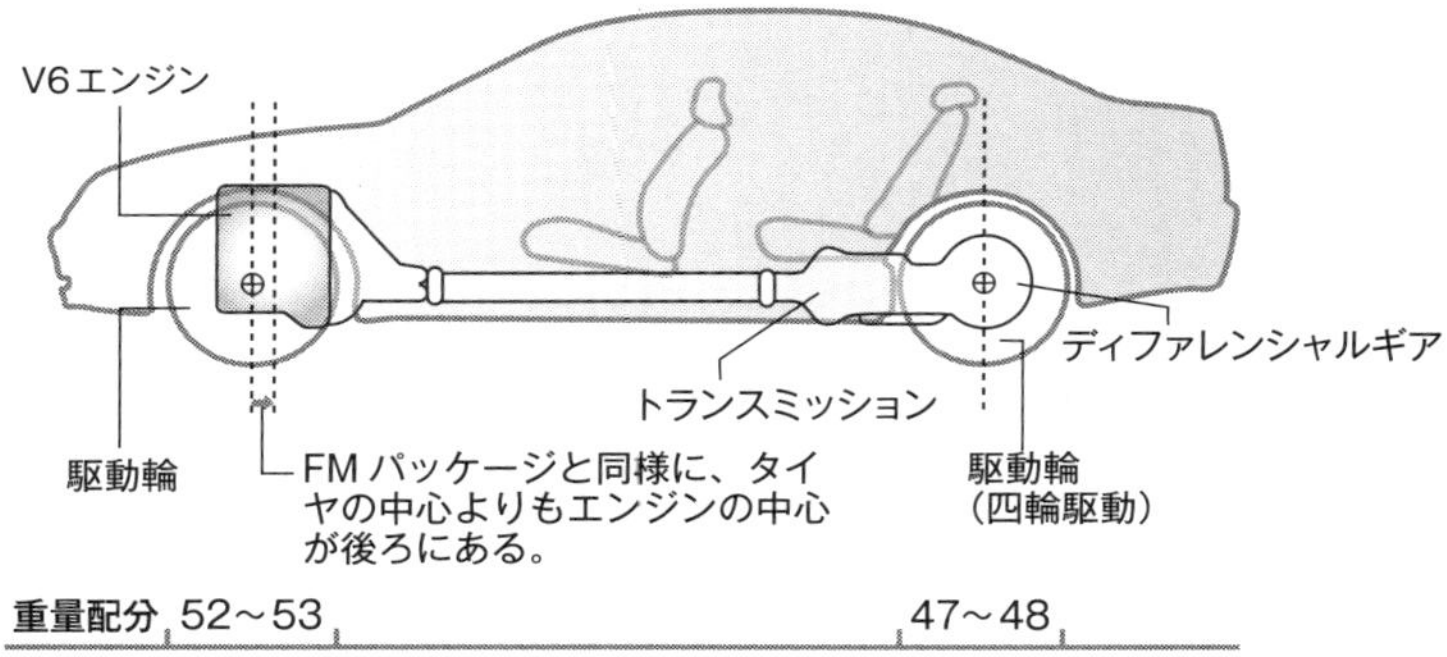

トランスアクスル（トランスミッションとディファレンシャルギア）をリアタイヤ前方に配置。FM パッケージの利点に加え、エンジンやミッションの重さでタイヤのグリップ力が増加し、さらに前後だけではなく左右のバランスさえも最適化した。

Rの構想が固まりつつありました。

トランスミッションと差動装置を一体化させ、前後別々に動くようにした独立型トランスアクスルという新しい四輪駆動を採用した世界に類のない動力伝達手法のパワートレイン（エンジンの出力をタイヤの駆動力に伝えるユニットの総称）方式の構想は、そのとき生まれたのです。

サーキットにたたずんでいた僕には、目の前を走っている未来のクルマが見えていました。

そのクルマがエンジンやトランスミッションから垂直方向の荷重をもら

い、範囲中にタイヤのグリップが増加していく。高速で疾走しながらも、空力のダウンフォース受けて走るステアリングはどこまでも安定している。まさに「人車一体」、真のスーパーカーの走りである――。

これは「俺たちのＧＴ－Ｒ」であり、もちろん「僕のＧＴ－Ｒ」だった。

「ミスターＧＴ－Ｒ、君にすべてを任せる」

ル・マンから戻った僕は、その後もＦＭパッケージとＰＭパッケージを温めつづけていました。ただ、当時はＰＭどころか、ＦＭですら実現するには一筋縄ではいきませんでした。

１９９７年、まずＦＭのほうを公式の会議で提案してみました。しかし、当時の開発担当役員からみんなの前でボロクソに叱咤されました。

「これからのクルマはＦＭだなんて、レースかぶれで提案されても困るよ。自動車市場はいま、ＦＦやＲＶ（レクリエーショナル・ビークル）がブームで、これへの対応が急がれているんだよ。君は会社のことがまったくわかっていない」

こんな批判もあった。

「日産はいま、ＦＦやＲＶで後れをとっているんだ。君はＦＭなどと戯言《たわごと》を言って、会社の足を引っ張るつもりなのかね」

まさに、社内の空気が最も停滞していた時期でした。

たとえば品質管理の大学の先生が外部から派遣されていました。もちろん、彼らが自動車市場の消費動向なんて知っているはずもない。そんな先生方の審査を受けないと新規開発の部品は一切生産ラインに流せないことになっていました。

つまり、クルマの開発で成功体験もない、マーケットも知らない部外の大学の先生の許可がないと新規開発ができなくなっていたのです。

組織では、こういうバカげたことがよく行われるのです。

しかも、それが許可される主な要因は「これまで類似の事例があり、実績がある」というもの。なかには審査が通りやすいようにトヨタの成功事例をあげてくる者もいたほどです。要は「トヨタの真似をすれば、大学の先生がＯＫを出し、ライン採用されるはず」という魂胆です。

こんな時期が、なんと2年近くもつづいていたのです。

そんなこともあってクルマづくりの意欲を大いに削がれていた僕は、やるせなさだけが募る日々を送っていました。

いよいよ会社を去る時期が来たのか――。

当時、海外のメーカーから僕に「当社に来ませんか」という誘いもあった。

そうした時期でした。

しかし1999年、日産の経営立て直しのために、カルロス・ゴーン氏がやってきたのです。

ゴーンCEOは、日産が今後3年以内に26車種を開発・販売するという「リバイバルプラン」を宣言しました。ゴーンCEOの登場で、日産全体に今一度クルマの本質について考え、根本からクルマをつくり直そうとする新しい機運が生まれはじめたのです。

まさに、ゴーン旋風だった。

その後、僕もわずか2年という短い間にスカイライン、ステージア、フェアレディZ、インフィニティFXと次々に新車を発表し、日産の新しい姿を提示していきました。

新しい流れの中で、1995年から僕が温めつづけてきたPMもにわかに具体化しはじめました。

抜け目のない僕は、フェアレディZや、インフィニティFXの開発で次のGT－R用の新しい技術を試すなど、先行して手を打っていました。

でも、すべてが順風だったわけではなく、いばらの道でした。

ゴーンCEOが宣言した「リバイバルプラン」で3年以内に26車種の新車を市場に出すということは、設計も実験も工場も現場はフル稼働になるわけで、むろん人手や資金不足になります。

そんな状況で、潰されそうになった案件もありました。それでも僕は、こう自分に言い聞かせていました

新しい、当たり前の仕事には忍耐がキーワード——。

とにかく、前を向きつづけていました。失敗することを考えはじめたら、物事は前向きには進みません。

たとえ仕事で失敗しても殺されはしませんし、刑務所に入れられることもありません。失敗した体験はその理由さえわかっていると、それが滋養になってのちに生きてくるのです。

ゴーンCEOの「リバイバルプラン」が実際に動きはじめたあとでも、僕の中では「FMのあとにはPMが控えている」という考えは変わりませんでした。

ただ、欧州車にひれ伏させるクルマをつくろうと試みているわけで、完成品の発表までにはいろいろと葛藤もありました。実際、その時点ではFMをつくるのが精いっぱいという状況でした。FMの開発でも、幾度となく潰されそうになるなど、社内の圧力は半端なものではありませんでした。

インフィニティを市場に投入できた2002年の段階で、僕が唱えていた「FRの将来系」というコンセプトがなんとか会社に認知され、それがインフィニティの収益構造ともリンクするということで、ようやく会社の理解を得ることができました。

ここに、念願だったFMを進化させたPMというクルマづくりの次のステップへと移行できる環境が整いはじめたのです。

その計画図を描き、開発をスタートさせたのは2003年のことでした。

先行開発グループの所属となった僕は、先行して開発する試作車の車両計画書を2月には書き上げた。その構想は、すでに前年までに頭の中で完成させていました。

しかし、いざ会議で提案してみると、こうした反応が多かった。

「たしかに、あなたはレースでいい成績を残してきたし、FMを育てて商品化もしてきた。それは認めるが、PMはパワートレインのセオリーからいっても、まったく逆のことをやっている。技術的には、とても容認できない。気が変になったんじゃないか」

役員をはじめ、出席していた全員が大反対という有様でした。

時間をかけて説明しても、誰も「そんなこと、できるわけがない」と見向きもしてくれません。

この提案に賛成してくれたのは、たった3人しかいなかった。

僕のサラリーマン生活は、本当に逆境の歴史でした。

新しいことをはじめようとすると、社内で反対され、抵抗され、寄ってたかって潰されるという連続でした。

ようやく出るゴーサイン（？）といえば、「お前が責任取るんだな」という捨て台詞。

それに耐え、新しいことにチャレンジするには、やはり仕事に対する信念とモチベーションと忍耐が必要です。

結局、僕は会社の承認が得られなかったPMの試作車を社内で製作するのではなく、レーシングカー関係の仕事をやっていた社外のメーカーに頼んで独自につくることにしました。理由は、もちろん社内でやるよりも社外のほうが安上がりだし、社内からいろいろと言われることも少なくしたかったからです。

試作車が5月に完成し、それを実際に走らせてみるとポテンシャルの高さがすぐに証明されました。

GT－Rは、R34型までスカイラインの派生という位置づけでした。売られているのは国内だけ。国土交通省が決めた280馬力規制という中で、それでもクルマの購入者からは速いクルマと認知されていた。

試作車は、これまでのスカイラインのシステムをPMに換えたものでした。それに乗ってみるとエンジンのレスポンスも良く、乗り心地も良かった。

PMは、トランスミッションとアクスル（車軸）を一体化したトランスアクスル構造を採用したところに特徴があった。それはトランスミッションをエンジンから切り離してデファレンシャルギア（差動歯車）と一体化させ、エンジンはフロントタイヤのグリップ力をつくり、トランスアクスルはリアタイヤのグリップ力をつくり出し、4WD車として前後の重量配分も最適なものになるパッケージでした。

世界的にもまったく前例のないもので、のちの日産GT－R（R35型）の骨格となるものでした。僕の絶対の自信作だったのです。

2003年夏に、僕はアメリカでPMのテストを実施しました。

その結果は、ハンドリング、乗り心地、騒音、振動などすべてにおいて従来想像もできなかった領域まで性能を高めたものでした。データベースで解析してみても、僕が予想していたとおり、振動の問題などもなく、最高のクルマに仕上がっていました。ゴーンCEOも実際にそれに乗って、「素晴らしいクルマだ」とお墨付きを与えてくれました。

僕は、8年越しの夢のプロジェクトが動き出すと期待していました。

もちろんこの段階では、まだプロジェクトとして会社の予算がついているわけではなかった。これから社内のいろいろな部署にPMを提案し、働きかけていかなければなりません。

PMで、どんなクルマをつくるのかということです。

すべての車種、将来予想されるユニットが、PMでつくれるように開発されていたのです。セダン？　スポーツカー？　SUV（スポーツ・ユーティリティ・ビークル）？　ワンボックス——？

先行開発グループとしては、プラットフォームパッケージを基にして、その開発費用や販売価格などを計算し、ケーススタディとしてまとめていく必要がありました。

そのまとめをやろうとしていた12月、BMW、ベンツ、アウディなど欧州車の最新データを集めることを理由にヨーロッパへ走りに行きました。

ある日、ドイツ北西部にあるニュル（ニュルブルクリンク）のサーキットで、僕が欧州車を駆っていると1本の電話がケータイに日本からかかってきました。日本の役員からでした。

「君は先行開発グループにいるけど、12月からGT－Rの責任者をやってもらうから」

僕は、それを聞いて思わず怒声を上げました。

「人を何だと思っているのですか！　会社の奴隷とでも思ってるんですか！　その話は1年前に断っているはずです！　それで僕はプロジェクト開発から離れ、先行開発に異動になったはずです！」

僕は2002年11月の段階で、同じ話を断っていたのです。

そのころFMは業界でも認知されていましたが、PMのほうはまだ認知されていませんでした。

ただ、僕の頭の中では、欧州車を追い抜くためのPMの最終形はまとまっていました。GT－Rをつくるのなら、やはりPMしかありえないという結論にはすでに達していました。

それなのに、上司が「GT－Rは、FMの延長線上でもつくれるだろう」と言ったことが我慢できなかったのです。

市販車だったGT－Rのお客様の夢は、ヨーロッパのレース専用車に勝てるほどの性能を持っていることだった。それが、これからもGT－Rが将来にわたって生き残っていく道なのだ――。

僕は、確信していた。

帰国した僕は、退職する覚悟で当時の副社長の部屋を訪ねました。

僕が怒りを胸に副社長の部屋のドアノブに手をかけようとしたとき、ゴーンCEOが廊下で僕の姿を見つけ、近づいてきたのです。

ゴーンCEOは、僕の手を両手で握りながら力強く言いました。

「君は今日からミスターGT－Rだ。すべてを君に任せるのでやってほしい」

そしてこう付け加えました。

「この会社に1000万円を超えるスーパーカーをわかっている人はいない。だから、正式な会議や提案の会議は通さなくていい。私とあなたと何人かの少人数、直轄でやっていこう。外野の間違った意見や判断はプロジェクトをダメにする」

そのとき、現実を直視して、目的を合理的に達成しようとするゴーンCEOの「非常識な本質」も同時に見えたのでした（2011年以降、ゴーンCEOの直轄ではなくなったときから、次の悲劇が僕に少しずつ忍び寄りはじめましたが……）。

ゴーンCEOの熱情に、僕は信念とモチベーションに火を点けられました。

このチャンスにPMで夢を実現する——。

こうして2003年12月16日、世界トップの性能を持つ日産GT－Rの開発がスタートすることになったのです。

ゴーンCEOは、僕に「すべてを君に任せる」と言いました。僕は、その意味を「設計、開発、販売のすべての責任を持たせてもらう」と受け取りました。つまり、「責任はもらったが、権限はもらっていない」と理解していました。

ただ、責任があるから新しいことに手が出せるのです。

2004年1月10日、僕は設計計画書や車両計画図、開発費や市販価格といったすべての提案計画を持ってゴーンCEOを訪ね、新しいGT－RをPMでやることをプレゼンしました。

「いまから従来とはまったく違う概念のスーパーカーとしてのGT－Rを開発します。そのためGT－R独自のパッケージ、専用のエンジン、ミッションを開発します。仕事のやり方も根本から変え、チーム制で進めます」

PMを採用することで、ポルシェ、フェラーリ、ランボルギーニなど名門スーパーカーがひしめくヨーロッパで、東洋人がつくったマルチパフォーマンス・スーパーカー日産GT－Rがトップブランドになれるということも訴えました。

僕のプレゼンを聞き終えたゴーンCEOは、言いました。

「オッケー、私は君の話に納得した。もちろん、ゴーだ。ただし提案を持ってくるのが早すぎる。あと2カ月時間をかけて見落としがないか確認してから正式提案してください」

なんと、ほぼ即決してくれたのです。

僕がGT－Rの開発プロジェクトを引き受けた最大の理由は、日本人の素晴らしさを世界に知らしめたいと思ったから。そのためにはヨーロッパでトップブランドになれる、伝説となれるスーパーカーが必要だった。

ＧＴ－Ｒの開発を任された僕は、会社で宣言しました。

「僕は、３年以内に最高のエンジン、最高のサスペンション、最高のミッションを備えたまったく新しいジャンルのマルチパフォーマンス・スーパーカー日産ＧＴ－Ｒを開発する。ポルシェやフェラーリも追いつけない性能を持ったスーパーカーをつくってみせる」

ふつうクルマは、エンジンやサスペンション、ミッション、プラットフォームなどの開発が終わるまで7年はかかると言われています。

こんな宣言、誰が信用しますか。

案の定、社内から設計や実験、企画、営業などの担当者、外部から販売店や部品メーカーの担当者などが入れ代わり立ち代わり僕を説得にきました。あるエキスパートはこんな具合です。

「水野さん、あなたがいままでやった実績は認める。しかし、独立型トランスアクスルの4WDで世界一のスーパーカーをつくるなんて、明日から藤原紀香と交際すると宣言しているようなもんだよ。今回は失敗するから、やめたほうがいい。これまでの実績がみんな吹っ飛ぶよ」

僕が「四輪駆動がサーキットでもいちばん速い」と言っても、みんな「そんなの嘘だ、理論的には成り立たない」と大反対。

GT－Rの開発は、そんな「常識」という逆風が吹く中での船出でした。

エリートほど使えない

2004年4月、正式に会社の予算がついた日産GT－Rの開発が本格的にスタートしました。

僕はゴーンCEOに、こう宣言していました。

「GT－Rの開発は期間3年、スタッフ50名でやります。ヒト・モノ・カネ・時間は従来の半分です」

この宣言どおりにプロジェクトを遂行するためには、私にとって理想のスタッフを集めることが急務でした。

もし、あなたが新規プロジェクトの責任者だったら——と想像してみてください。

どんな企業でも、社員を2つのカテゴリーに分けることができると思います。

優秀といわれるエリートと、そのエリート路線からはみ出してしまったアウトロー。

さて、あなたならどちらの人材を集めてプロジェクトを進めたいと思いますか?

当時、ゴーンCEOが「日産リバイバルプラン」を宣言し、3年で26車種の新車を出すという時期で、社内は人手不足でした。

GT－Rは日産のフラッグシップ。だから優秀な人材を集めて開発に取り組んだはずだ——。

あなたは、僕がそうしたと思っているかもしれません。

しかし、まったく逆なのです。

開発メンバーの8割は、経営不振で他社を早期退職した、トラックしかつくったことがない、乗用車を開発するのははじめての連中を引き取りました。

残りはもともと日産にいたアウトロー社員。

だから、日産の精鋭なんて1人もいませんでした。

それでいいんです。

新しいモノをつくろうとするときに、本当に求められているのは目的志向のある人材です。他社をリストラされた人は、失うものなんかない。だから、自分を捨てて新しいチャレンジができるのです。

一方、エリートコースを歩んできた人材はどうでしょう?

彼らを集めると、必ず「新しいことをやって失敗したらどうするの?」という声が上がります。そうした「優等生」は、それまでの実績やいまあるポジションを失いたくない。だから、ディスカッションをしてもネガティブトークのオンパレード。

当然です。

今が悪いと思っていない人間に、新しいものをつくろうよ、これから変えなきゃだめだよと言ったところで、誰が努力しますか?

その点、アウトローはいいですよ。

捨てるものがないから。これから道をつくり直していく人たちだから。

捨て去るものがない人材に目的志向を与えて束ねる――。

これが人材活用の「非常識な本質」で、チームづくりや新人の採用においてとても重要なファクターとなるのです。

そして、人選においてもう1つ大切なことがあります。

ほとんどの人は、好きな会社に入って、好きな仕事をすることが夢の実現に近づくと思っています。

しかし、それで成功したためしなんてありません。

なぜか？

簡単なんです。

仕事や商品というのは、本来なら人の幸せのためにあるものなのに、自分の喜びのために自分の好きなことを他人に押しつけて成功したためしがあるわけがない。

自分の好きなことをやって、自分の夢が実現できたら、それは仕事ではなくて趣味です。だから逆に、お金を会社に払わなきゃいけない。

では、なぜ給料がもらえるかというと、お客様のために自分が苦しむからです。

こんな当たり前のことが、みんな方程式としてわかっていない。

だから、

「僕はレースの世界で生きたい。優秀なメカニックですから、水野さんのチームで雇ってください」

「レースが僕の生きがいです。僕にレースのことは何でも聞いてください」

という人は絶対に雇いませんでした。

自分の希望を押し付ける〝ストーカー〟エンジニアはいらないのです。

誰も知らないチームの形

次に、集まったアウトロー50人に存分に能力を発揮してもらうべく、僕は理想の「チーム」づくりを考えました。

あえて「組織」と言わず、「チーム」としたところには、僕のこだわりがあります。

そもそも、組織とチームの明確な違いを説明できる人はどのくらいいるでしょう？

だいたい組織というと、ほとんどが裾広がりのピラミッド型です。これだと組織を管理・維持しやすい。そしてあくまで上から目線であり、メンバーのレベルを合わせやすい。

要するに、

「先生の言ったことをちゃんと覚えてテストでいい点を取ってくれたらいいんです」

「一人ひとりの個性なんか必要ないのです」

という学校教育と同じメンタル。

これでは、全員が能力を発揮するなんて無理です。

それに、いくら上からリーダーが情報を流しても、管理職という関所にぶち当たり、情報の流れが淀みます。部門ごとに伝わる情報量にも差が出てしまう。

たまに、組織におけるボトムアップの重要性を唱える方もいますが、それも僕には信じられません。

下から狭いトップへと情報や意見が逆流するとはどうしてもイメージできない。

理想論にすぎません。

とくに日産のような大企業に顕著ですが、50人足らずの中小企業だって似たり寄ったりだという事例は頻繁に見聞きします。

もちろん、組織にも長所はありますよ。

日産マーチをタイやルーマニアの工場で生産するようなプロジェクトは、管理された組織でやったほうがいい。なぜなら技術そのものはマニュアルでまかなえますし、生産現場の単なるローカル化ですから問題はありません。

しかし、日産GT－Rや電気自動車を開発するような、新しいものをつくろうとするプロジェクトを縦割り組織で進めるのは非常に効率が悪いどころか危険です。

では、チームとは何か？

ゴーンCEOは、僕に「すべてを任せる」と言ってくれました。

だから僕は自分の理想のチームをつくることができました。

ピラミッド型ではない、全然違う発想の組織です。

僕はピラミッド型組織に対して、波状型をイメージしています。

管理職を持たない波状型とは？

ピラミッド型

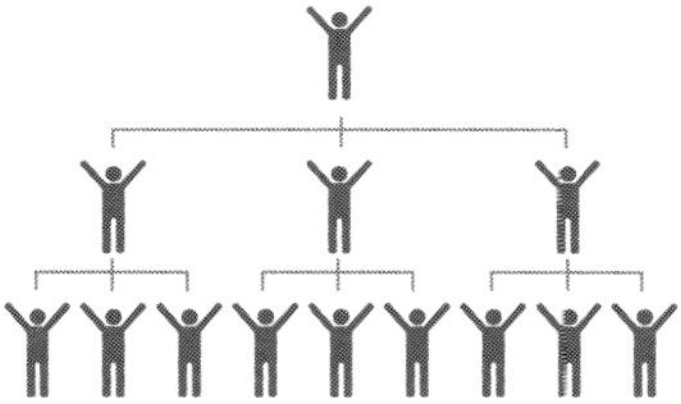

ピラミッド型では情報は上位下達、しかも管理職という堤防が流れをせき止める可能性大。さらには部門間のコミュニケーション不足や軋轢によって機能不全になる可能性も。

波状型

波状型は、管理職を置かないことで、情報を共有・見える化する。真ん中にいるリーダーとの関連性の強弱に応じて柔軟に距離感を調整できるため、決断のスピードも早い。

	ピラミッド型	波状型
決断力	弱	強
変化対応力	弱	強
柔軟性・多様性	弱	強
管理職の有無	有	無
情報の透明性	低	高

池の真ん中に石を投げてみてください。360度にわたって波紋が広がりますよね。僕はこの波紋の真ん中にリーダーや監督がいて、そこから等距離に情報が広がっていく波状型を「チーム」と考えています。

チームのリーダーである僕の指示と目線が均等に、そして近い人間から遠くの人間へ自然に波紋が広がるように行き届く「波状型」が理想形でした。壁となる管理職を設けないことで、情報が滞ることもない。

そして人数は50人がベストだと思っています。

ニスモでグループCをやっていたときも、GT－Rの開発に携わっていたときも、チームの主要メンバー数は50人でした。メンバーのパフォーマンスを高めていくためには、それくらいの数がちょうどいい。それに1人のリーダーが部下を完璧に把握できるのもこの人数です。

波紋の中心にいるリーダーの僕と、各メンバーとの距離感も大切です。エンジンやミッション、サスペンションなど、毎年進化するものを設計している人は、僕と極めて近いところにいる。

しかし、ボディの外装の一部のパーツのように、一度つくってしまえば変える必要のないパーツを設計している人は、ほとんどコンタクトをとる必要がないので外側にいる。

要するに日常の関係度で、アールの大きさを決めるわけです。

ワンマンにならないための基本方程式

僕はリーダーとして波状型チームの真ん中にいましたが、きっと「水野のワンマン体制だったんじゃないの？」と思われる方もいらっしゃることでしょう。

もちろん、体制を変えたからといってワンマンにならないとは限りません。

そもそもなぜ、ワンマン体制は生まれるのでしょうか？

僕は、己の欲が独りよがりをつくると思っています。

だから、お客様とチームのために欲を持てとつねに自分と部下に対して言っている。

「すべてはお客様のために」がキーワードで、自分のポジション、自分の給料、自分の名誉を忘れろと。

そのスケールで仕事に挑むことが、ワンマンにならない第1ポイントです。

独りよがりは、権力を手に入れたい、成功させてポジションを上げたい、この業績で給料を上げたいと思うから生まれる。

だから、「あの人は欲のない人だ」と部下に思われているかどうかを、つねに部下をとおしてセルフチェックすることが大事。部下は、こういうところには正直に反応するんです。

下の人のほうが、上の人が己の利益のためなのか、本当にお客様と部下のために働いているのか、すごくよく見ている。上司には逆に見えないのです。

ここでリーダーの「責任と権限」ついて少し触れておきます。

リーダーは「責任」を会社と上司から与えられ、「権限」を組織・チームと部下から与えられる――。

これが「責任と権限」の基本方程式。

僕は、そう思っています。

だから、僕はGT－Rの開発責任者としてゴーンCEOから権限をもらったのではなく、責任をもらったと解釈しています。

僕がその責任を「すべてはお客様のために」という気持ちで無欲で果たした結果から、部下や関係部署の人が僕に権限をくれるのです。

リーダーが「私がすべて責任を負うからあなたと決めたことをやってくれ」と言ったら、部下は安心して、そして真剣に仕事に取り組めるというものです。

もちろん、僕と部下の「責任と権限」の関係も似たようなものです。

能力が高いメンバーには責任を与えました。ユニットのリーダーとして、自分が責任をとるという自覚を持ち、部下から権限を委譲されるように努力させました。

これこそ、リーダーがワンマンにならない秘訣です。

人間の能力は無限

開発チームのメンバーは50人でしたが、なぜ従来よりも少人数で事足りるのかについて、ここで詳しく説明しなければなりません。

もちろん、少人数ということは各メンバーが1人で何役もこなしながらプロジェクトを進めていくということ。こうした仕事のやり方は日本人だからできることだと思います。

これがアメリカ企業ともなると、こうしたやり方を組織としても法律としても認めません。なぜなら、社員や労働者の労務管理が難しいから。

アメリカは、さまざまな人種、民族が集まった多民族国家。一概にアメリカ人といっても、それぞれの成育歴や習慣、価値観などが違っている。そんな多民族国家では、1人が1つの工程だけを担当するという「工数管理」の手法でしか働く人をうまく管理できないのです。

アメリカやヨーロッパで1人に何役もやらせたらどうなると思いますか？

間違いなく社員やメンバーから、

「自分の範囲外のことをやらされた」

「契約違反だ」

とか何とか言われて訴えられるに決まっています。

あるいは、

「給料を上げろ」

「ポジションを上げろ」

と言われるのが関の山。

その点、日本は違います。

日本は島国だ、ガラパゴスだと海外からバカにされていますが、その島国だからこそ日本人のほとんどが同じ義務教育を受け、似たような価値観を持ち、一緒になって未来図を描くことができる。

これができるのは、世界中を探しても日本くらいのものです。

日本とアメリカの仕事の違いを「工数」と「能数」という切り口で見てみます。

アメリカでは、人が働いた1工程を「工数」という単位で数えています。人の能力は無限なのに「工数」という概念で封をしてしまう。

だから、人の能力を工数という単位でとらえるのではなく、私が言う「能数」という視点で見なくてはいけないんです。その人に備わっている能力を2倍にも、3倍にもしていくことを考えるんです。

たとえば、あるメンバーが「車両の開発ができる」「この製品の使い方を知っている」「メンテナンスの仕方も知っている」「レース中に何が起こるかもわかっている」とすると、すでに彼には4つの能力があることになります。

さらに「クルマの設計ができる」となると、能数は5に跳ね上がる。

この能数という概念で人を見ると、「クルマだけをつくっていました」「レースだけやっていました」という人を250人集めるよりも、50人に能数という項目を加えて積算をしたほうが、チームのパワーが上になるという計算が簡単にできるんです。

能数が1だったメンバーの能数を2にすることができると、それだけでチームのメンバー数を半減できます。

人の能力に限界なんてない——。

そうとらえるのが「能数」の考え方です。

ヒト・モノ・カネ・時間の過剰はチームを崩壊させる

伝統的に日本社会では、人の労働を工数ではなく能数という計り知れない能力でとらえる文化が育っています。職人の匠の技なんて、その最たるもの。「能数」という概念をチームに導入すると、メンバーの数を絞り込むことができるだけではなく、各メンバーの能力やモチベーションを2倍にも、3倍にも引き上げることができるんです。

人件費の面でも、能数1の人が250人のチームと、能数5の人が50人のチームとでは、支払う人件費の総額は後者のほうが前者の5分の1＋αですむのです。しかも、こなす仕事の総合量は同じでも仕事の密度と質ははるかに良い。

この「能数管理」は、足し算とかけ算だけだから簡単ですよね。

そして、これを成功させるためには、チームのリーダーがメンバーの能数をパラメーター化しなければなりません。「あいつは仕事ができる」というような曖昧なパラメーターではうまくいきません。

たとえばレースチームのメカニックなら、「クルマがピットインしたとき短時間で作業して交換しなければいけない内容を知っている」「レース中、アクシデントが起きて壊れるところをわかっている」「どのくらいの走行距離で何が壊れるかを知っている」——といったことを能数の数値で明確化する必要があります。

ただし、何度も言いますが、能数の概念は、日本人にだけ通用するものです。

他人のために尽くすという「おもてなし」の文化を持っているのは、やはり日本人だけです。

自分の仕事の範囲が広がって、責任が果たせて、成果があげられて、それを幸せと感じることができるのは日本人だけなんです。

でも、残念ながらいまの日本では、こうした文化がなくなろうとしています。

日本の多くの企業ではアメリカ型のマネジメントがどんどん導入されていますが、みんな「思考の盲点」にはまり、そもそも日本人が持っている能力を失わせているだけなんです。

ヒト・モノ・カネ・時間の過剰はチームを崩壊させる――。

僕が、レースに参戦した体験から導き出したものです。

レースのド素人だったからこそ、僕は「思考の盲点」にはまらずにすんだ。そして50人のチームでチャンピオンという世界のトップを獲ったんです。

これは決して素人のゲリラ的な発想ではなく、多くの企業に当てはまる普遍性があると思っています。

僕は、それをこの日産GT－Rの開発でも証明しました。業界で7年はかかると言われていたGT－Rの開発を「ヒト・モノ・カネ・時間は半分でやる」というゴーンCEOへの宣言を実行して、3年で終わらせることができたんです。

機械に頼ると大きな利益が逃げていく

人間の能力を制限してしまうのは、なにもアメリカ型の「工数」の概念だけではありません。

大袈裟《おおげさ》に聞こえるかもしれませんが、21世紀の文明のあり方そのものが、人間を無力化しているのです。

20世紀の科学は、人間の労働を肉体的にサポートすることに主眼を置いて進化してきました。クルマはもちろん、汽車や飛行機などの乗り物、掃除機やエアコンのような家電もそうです。

しかし今世紀に入り、科学は人間の思考にも入り込んだのです。

食べていないのに食べログのレビューを見て食べた気になる、カーナビのナビゲートに沿って運転する、電車の中でスマホのゲームで時間を潰す……。

本来自分の頭で考えるべきことや、読書などに使っていた時間が機械に奪われた。つまり、機械を使っている立場から、コンピュータにコントロールされる立場になり、本来発揮されるべき創造力が奪われたのです。

その典型的な例を、日産GT－Rの開発過程でまざまざと見せつけられました。

GT－Rの塗装作業を見に現場を訪れたときのことでした。作業をしていた人に言われたことに大いにショックを受けました。

「いまのクルマは品質を良くするために、ロボットがクリーンルームできめ細かに塗装を拭いています。だから、昔は塗装工としていい腕を持っていた職人が、いまではロボットのメンテナンスに回されています。時代も変わりましたね」

僕は、「なぜ、ベテランの塗装工がロボットのお守りをしなくてはいけないんだ⁉」と腹が立ちました。

そこで現場の責任者にかみつきました。

「なぜ腕のいいベテランの塗装工に、たかだか1000万円のロボットのメンテナンスをやらせているんだ。企業がそうやって人を機械以下のものとして扱うから、ろくなものが出来ないんだ！」

僕は、近くにいた50代の塗装工に聞いてみました。

「ロボットのメンテナンスなんかしないで、塗装の腕を磨きたいんじゃないですか？」

「でも、今月は塗装代を150円ほど減らすことができて、課長に褒められましたよ」

それを聞いた僕は、啞然《あぜん》としました。

そして、塗装工に言いました。

「あなたのその腕で、このクルマを理想とする塗装に磨いてみなさい」

帰社すると、生産工場の部長や課長から電話で釘を刺されました。

「水野さん、現場に行って勝手なことをやらないでください。工場の効率化と長期ビジョンがありますから」

「それで、いくら稼げるの？」

「月に1000円ずつ、ちゃんと利益が上がってきます」

「そこにいる塗装工に今後、GT－Rの磨きと塗装をやってもらうから。その利益の何十倍にも変えてみせる。俺が全責任を持つ」

そう返答し、その日会った塗装工にGT－Rの磨きと塗装をやってもらうことに決めました。GT－Rの塗装は1個1個、人の手で磨いてもらうことにしたのです。

結果としてとてつもない利益を得ました。

日本の生産現場はいま、こんな状況を迎えているんです。

人の技は投資なき利益――。

僕は、そう思っています。

たとえば、ふつうのエンジンのつくり方なら、10馬力出力を上げるのに何億円ものの設備変更や開発予算が必要になります。

しかし、メカニックの腕によって部品1つの精度が上がると、GT－Rのエンジンなら設計の変更をしなくても5馬力、10馬力くらいすぐにアップします。

新たな設計費も設備投資も要らない。商品が現場の「匠の技」によって大きく進化していくのです。

塗装工場の現場で出会った塗装工はその後、GT－Rの仕事で見事な腕を発揮してくれました。GT－Rの顧客の中には、塗装代のオプションだけで70万円近くも支払ってくれる人もいます。

これはとてつもない利益でもあります。

それは、この塗装工がベンツやBMW、ポルシェの顧客でも「こんな塗装は見たことがない」と驚くほどのものを提供しているから。

じつはGT－Rには、塗装が6色しかありません。

ふつう、スポーツカーなら塗装の色が豊富ですが、そのぶん、やれ赤がない、黄色がないなどとクレームも意外と多いんです。しかし、塗装そのものを、たとえば世界に類のない芸術の領域までもっていくと、6色しかなくてもクレームが来ないんです。人並みのものを提供するから、顧客は好きとか嫌いとかで選ぶ。しかし、機械を超越して、人間の手によるすごい塗装の質感を感じさせることができたなら、個人の好みをも超越する普遍性を持つのです。

いまのところGT－Rには、塗装の色数についてのクレームはほとんどありません。

工場のラインの中でも「俺の作品」をつくれ

世界最速のスーパーカーをつくるというゴーンCEOとの約束を果たすには、栃木工場で量産するか、日産の関連会社で1台ずつ手づくりするしかありませんでした。もちろん、栃木工場のラインでつくったほうが、ヒト・モノ・カネ・時間はかかりません。

それに、僕はラインでつくったほうが、1台ずつ手づくりするより品質や精度が世界最高のレベルに向上できると思っていました。

ふつうは手づくりのほうが、精密度が上がると思われるかもしれません。しかし、たとえば某国の少量生産のスーパーカーは、部品の組み付けを現場ですりあわせて組み立てています。すると、1台1台つくったクルマが違ったものになる。だから、どうしても「当たり外れ」ができる。

日産GT－Rの開発コンセプトの1つ「時速300キロで走行しながら会話ができる安定性」を実現するには、「当たり外れ」があってはいけない。生産されたすべてのGT－Rを保証するためには、量産ラインで従来では不可能と言われていた精度で製造するのがベストだったんです。

しかし、栃木工場は何十年にもわたってクルマづくりをやってきて、自分たちのモノづくりこそが「常識」だと思っているところがありました。でも、その程度の精度と生産方法ではGT－Rはつくれません。GT－Rは「品質を確保する」というレベルより一段上の「精度と性能を保証する」という次元で製造することが必要なクルマでした。

僕は、栃木工場にモノづくりをゼロからスタートしてもらうようにお願いすることにしました。彼らのプライドを信じていたのです。

もちろん、ふつうの「お願い」ではダメ。彼らの意識は変わりません。

ではどうしたか？

ある日、僕はスカイラインをベースにした先行開発車1台を携えて栃木工場を訪れ、「現場の係長とキーパーソンを集めてくれないか」と頼みました。

現場主任や工場長、リーダーなど現場の人間が百数十人ほど集まった工場のラインサイドで、僕はみんなにケンカを売ったのです。

「俺は時速300キロで走る車内で、恋人と会話を交わしながらポルシェを抜き去るようなクルマをつくりたいんだ。そのためには、おまえらがいまからポルシェ以上の精度を持ったクルマをつくってくれないと困るんだ。おまえら、それを受けるのか、受けないのか！　それをつくれないのなら、この話は別の会社に持っていく。いまここで返事をしてくれ」

みんな一瞬、シーンとしました。

当たり前です。

それまで開発責任者が現場に来て、「おまえらできるのか、できないのか！」とケンカを売られたことなんてなかったんだから。

なぜ僕がケンカを売ったのか？

それは、彼らのプライドの検証にありました。

自分の仕事にプライドを持っていないと、いいモノはつくれません。だから、あえてケンカを売ったのです。

新しいモノづくりへの挑戦に必要なのは、まさにプライドを持った職人魂。その職人に優しく説明してもダメなんです。

無理なものは無理、できないものはできない――。

そこもハッキリさせたかった。

そのとき、現場のベテランに問われました。

「ポルシェ以上のものは、どうやればできるんですか？」

「おまえら、テレビの中継でカーレースを見たことあるだろう。レースを見たことがないヤツは手を上げてみろ」

皆無でした。

「俺の要求したとおりの精度のものを出してくれ。いいかおまえら、いままで当たり前につくっていたものを1個1個見直して、ここにいる一人ひとりが『これが俺の作品だ』って言えるところまでつくり上げるんだ。いまこの現場でつくっているものは、『俺の作品だ』って言えるものなのか、会社に言われたからつくっているものなのか、どっちだ⁉　みんな、このラインにスーパーカーを流そうじゃないか」

僕は、熱く思いを伝えました。

厳しいかもしれませんが、マニュアルどおりに流れ作業をするより、「これが俺の作品だ」、家に帰っても「お父さんはGT－Rの〇〇をつくってるんだぞ！」と子どもに自慢できるモノづくりをしたほうが楽しいと思いませんか？

そう、苦しみを楽しみに変えるのもリーダーの仕事なんです。

すると、みんなが言ってくれました。

「わかりました。開発責任者が現場に来て、そう言うんだったらやってみましょう。

挑戦します」

仕事の根本は自分の仕事に対するプライドであり、目標のすごさに対するトキメキなんです。

この2つの要素が、モノづくりでは欠かせないんです。

世界一の仕事は刑務所に入る覚悟でするもの

最後に、リーダーである私自身がどのような覚悟で、おのれの人生を賭けたクルマづくりという仕事に挑んだかについてお話ししたいと思います。

日本の自動車メーカーは自前のテストコースを持っています。まだ完成車とはいえないクルマを一般公道で走らせるわけには法律上できないからです。

そしてメーカーはそのコースにも制限速度を設けています。理由は、万が一事故があって人が死んだとしても、労働基準監督署に対して「このコースの安全管理は安全基準を満たしていました」と弁明しやすくするため。

メーカーがつくったテストコースは、そんなクローズされたものです。クルマの性能限界は、労働基準法で決まっています。日本の労働基準法に従っていたら軽自動車も、スーパーカーも同じ性能でしか開発できません。

これが日本のクルマの技術開発の現状。世界一の速さのスーパーカーをつくるには、日本には世界一のハンディキャップがあるんです。

だから僕は、あえてニュル（ニュルブルクリンク）へ行ってテストを行うしかなかった。

行くたびにプレッシャーで体重が4、5キロは減っていましたね。

24時間耐久レースが行われるニュルのサーキットでは、毎年平均50人ものドライバーが事故で命を落としています。

そこへ開発中のクルマと日産の従業員を連れていき、テストドライバーに「世界一速いタイムで実験を3週間つづける」と指示するということは、チームのリーダーである僕が何を背負っているかわかりますか？

日本の労働基準法では、会社が命令した準危険作業に対する安全のための必要な処置を取れ——とされている。

僕がドイツに国籍を移せばドイツの法律が適用されますが、会社の業務命令である出張で行った場合、日本の労働基準法が適用されるのです。

そこで僕がドライバーに「世界一速いタイムを出せ」とオーダーしたとして、もしドライバーが亡くなった場合、安全のための処置を取っていなかったという容疑で帰国後の刑務所暮らしが待っているということです。

だからこそ、僕が日産GT−Rの開発当初、クルマをつくる前にやったことは300キロでバーストしてもディーラーまで走れるタイヤ、250キロでぶち当たっても人間が生き残れるボディでした。

世界一の仕事とまではいかなくても、大きな仕事を目の前にしたときは、それくらいの覚悟と、危機管理をしなければけっして成功できません。

第5章 答えはいつも会社の外にある

モテる男と売れる商品の意外な共通点

僕は、このプロジェクトをスタートさせるにあたって2つの目標を掲げました。

それは正直と基本。

正直は事実、基本は本質――。

世の中には、自分自身と正直に向き合えない場面のほうが多くあります。やれ会社が決めたから、組織の方針だから、上司が言ったからと、いつも自分が逃げるための材料を探しています。

本当に正直であろうとしたなら、面と向かって闘わなくてはならないことでも、それが嫌でつい逃げてしまっている。

でも、物事に正直に取り組まないかぎり、良いものはつくり出せません。

極限まで考え抜いて「非常識な本質」を探し求めようとするとき、基本をしっかり身につけておかないといつかは行き詰まってしまいます。

そこでキーワードとなるのが「アウタースケール」と「インナースケール」。

僕のオリジナルの言葉であり、概念です。この言葉の意味するところを説明しておきましょう。

じつはそのエッセンスについてはここまでに何度も述べているのですが、本質を見抜くうえで絶対に外せない視点ですので、改めて整理してみます。

僕は、世の中の人たちや顧客が漠然と抱いている夢や願望のことをアウタースケール、会社や組織、業界など身内にしか通用しない内輪の論理をインナースケールと呼んでいます。

メーカーの場合、製品をお客様の夢や願望のためにつくろうとするのがアウタースケールの視点、会社や自分の評価や利益のためにつくろうとするのがインナースケールの視点です。

あえて下卑《げび》た表現を使えば、セックスで相手を喜ばせようとするのがアウタースケール、単に射精したいだけなのがインナースケールということになるでしょうか。

当然、モテる男は前者。だから前者の姿勢でつくった商品やサービスのほうがユーザーの感性に響くのです。

もちろん、仕事の指針として大事なのはアウタースケールの視点です。

逆にインナースケールは、僕がよく言っている「思考の盲点」を生みやすい。

最近、家電メーカーは迷走しているのか、わけのわからない、取ってつけたような機能を搭載した製品が市場に出回っています。きっと業界の中に「新しい機能を増やすこと＝価値が上がる」という凝り固まった常識があるのでしょう。そのほうが、早く商談をすませてお客様の回転率を上げたいという量販店の都合にも適っています。

ユーザーを見ているようで売り手の量販店ばかりを見ている。その結果、グローバル市場では、同じコンセプトでモノづくりをしている韓国や中国の猛追によって日本の家電メーカーの力が著しく落ちてしまった。まさしくインナースケールに陥っている典型ですね。

日頃、目の前の仕事に従事していると、ついアウタースケールの視点を見失いがちです。

そんなとき、どうするべきか？

すべての答えは、「お客様のために」という視点に立つと明確に見えてきます。つねに自分が何をすべきなのかを教えてくれるのはお客様だということを忘れてはいけません。

僕は、このアウタースケールの視点を開発チームのメンバーになんとか浸透させようと苦心しました。そうしなければ、クルマという商品を超えて、その先につくられるお客様の感動など、絶対につくれるはずがないからです。

ではどうしたか？

僕はまず、メンバーの行動分析を行いました。

9時に出社したメンバーが1日、どういう業務に就いて、どこで休みを取ったかなど、費やした時間も含めて詳細に表に書き出してもらったのです。

結果を分析することで、各メンバーが本当にアウタースケールの視点に立った創造的な仕事、目的型の仕事をしていたのかどうかが判明します。

1日のうち何パーセントが前向きなアウトプットのために使われて、何パーセントがインナースケールの作業のために使われていたか。それが数値で具体的にわかるのです。

各メンバーに1カ月間、それをつづけてもらいました。

分析の結果、全体的に1日の60～65パーセントは会社のため、組織維持のため、常識のための業務に就いていました。なんと全体の35～40パーセントしか実のある仕事をしていなかったのです。

なかでも社内会議やネゴシエーションのための時間がやたらと多かった。

もちろん、会議にも新しいことを提案して次の工程に進むための会議、ほかの部署からの連絡を各メンバーに展開するための展開会議、やり直し、手直し等の後処理のための会議などいろいろありますが、明らかに後者のほうが多かった。

さらに、連携ミスによる手戻り修正という項目も多かった。

その修正も、良くするためのポジティブなものか、メーカーや工場に製造を断られた、コミュニケーション不足で工場が間違ったといったネガティブなものか、きちんと書き分けられていないものもありました。

この行動分析を最低2週間から1カ月間やると、いま取り組んでいる仕事の効率を何パーセント向上させる余地があるか数値でわかるようになります。

つまり、行動分析の結果をメンバー全員が共有することで、アウタースケールで仕事をする意識を持たせると同時に、アウトプットのない無駄な仕事を減らすことで仕事の効率アップにもつながる側面があるのです。

あなたと一緒に移動しても何も学べない

第2章で、幼少期の学校の行き帰りの空想が、感性を養う機会になったと書きました。

しかし、もちろん大人になっても感性を養う機会はいくらでもあるし、その重要性は変わりません。僕は、感性を養うことは、アウタースケールの視点を養うために必要なことだと思っています。

僕は海外のル・マンやデイトナ、国内の富士スピードウェイ、鈴鹿サーキットのレースに参戦していた時期も、日産GT－R（R35型）の開発に携わっていた時期も、みんなで一緒に同じ飛行機に乗り、同じホテルに泊まるということは絶対にしませんでした。

海外の出張でも移動は必ず1人で、自分がどこのホテルに泊まっているかも関係者に教えませんでした。理由は他人と一緒にいると、自分の想像と思考が止まってしまうから。

その間、現地の人と触れ合い、異文化の匂いを嗅ぐこともできず、学ぶこともできません。

ドイツのニュル（ニュルブルクリンク）を訪れるにしても、みんなはフランクフルトから入っていたのに、僕はアムステルダムから向かいました。しかも日本のＪＡＬやＡＮＡの飛行機には乗らないというほどの徹底ぶり。

国際線に乗ると、オランダのＫＬＭなら翼やインテリア、キャビンアテンダントの制服などがブルーで統一されている。その点、日本のＪＡＬは、インテリアとキャビンアテンダントの制服の色がバラバラ。

成田空港でオドオド、キョロキョロしていたオランダ人がアムステルダム空港に着いた途端、住み慣れた国に戻ったという安心感で顔の表情が変わっている。

そうしたことが1人でいると観察できます。

空港に到着しても、現地にある日産ヨーロッパの関係者の出迎えは頼まない。頼むことで言葉も文化も日本というインナースケールに入ってしまい、しかも自分の自由な想像と思考の時間が奪われてしまうから。

自分でレンタカーを借り、走りながらオランダの匂いを嗅ぐ。国境を越えてドイツに入ると、両国の文化の違いが感じられる。アウトバーンに入ると照明もなく、制限速度もない道がつづいている。

ヨーロッパと一言でいっても、各国で文化が違っている。

僕の独断ですが、オランダは地味だがコーディネートされている。イギリスは古いけど目立ちたがり、フランスには奇抜さとセンスがある。

とくに日本人は、海外旅行では同じ日本人同士つるみたがるといいます。しかし、それでは本当の意味で外国の文化を肌で感じたとはいえないでしょう。たった1人の異邦人になるからこそ、言葉にできない感性が働くのです。

まさに、1人で出張するということは常識にとらわれないアウタースケールの視点を持つための学習の場でもあるのです。

公式書類の定説はつねに嘘だと思え

クルマとは何かを考え、その本質でつくろうとしたのが日産GT－Rです。

だからクルマについて語られていた常識を、徹底的に自分の足を使って検証してみました。

その中の1つが、アメリカ市場について言われていた、ある「定説」です。

冬季のアメリカにはスーパーカーの市場は存在しない。なぜなら道路が凍結する季節になると、スーパーカーのオーナーはSUV（スポーツ・ユーティリティ・ビークル。サーフィンやスキーファンを意識した多目的スポーツ車）に乗り替えているから──。

それが、当時の常識のようになっていました。

本当にそうなのか──？

ただ単に、リサーチ会社から送られてきたクラスター分析の結果だけを見て、思い込んでいるだけなのでは――？

つまり、業界内のインナースケールに陥った解釈をしている可能性があるのです。

本質は常識の壁の向こう側にあります。

なぜなら「スーパーカーが好きな人が、クロカンのSUVを好きなはずがない。SUVが好きなら夏場もSUVに乗っているはず」と単純に思えるからです。

手っ取り早く、アウタースケールの視点で本質を見つける方法は1つしかありません。

ゴーンCEOに設計計画書を提出した1カ月後、僕はスーパーカーのマーケットリサーチをするためにチームのメンバーを連れて真冬のニューヨークを訪れました。

僕は日産社員という身分を隠し、アメリカ東海岸に住むスーパーカーのオーナーたちに話を聞いて回りました。

すると、その「定説」からは窺《うかが》い知れない本質が見えてきたのです。

たしかに、彼らの多くは冬場になるとSUVに乗っていました。でも、その中の誰

1人として、好き好んで乗っている人はいなかったのです。

「冬場は危険だから仕方なくSUVに乗っているだけ。だから洗車もしてないよ」

そう嘆いていたオーナーもいました。

こうした生の声は、きっと自分で実際に足を運んでみないとわからなかったと思います。

僕は、そのオーナーの本音を聞いて確信しました。

どんな路面状況でも安全に乗ることができるスーパーカーをつくると、きっと彼らの心がつかめるはずだ。

そのとき僕の頭の中に、「マルチパフォーマンス・スーパーカー」という新しい市場をつくるGT－Rの完成した姿が思い浮かんでいました。

時速300キロで、夫婦でアウトバーンを走れる。雪道を走ってもSUVよりも速い。ゼロ百で発進加速をやったら世界一——。

そんな、誰でも、いつでも、どこでも、その楽しさを味わえるマルチパフォーマンススーパーカーです。

なぜ計画の変更は罪悪とされるのか？

仕事をしているとよく言ったり、言われたりしませんか？

「おまえ、また変更すんのかよ。おまえが最初に言うことはまったく信用ならねえのかよ」

変更という言葉を、みんなものすごく罪悪にとらえています。

「変更する」と言うと上司は喜びますか？

部下は喜びますか？

きっと喜ばないと思います。

でも、変更できる喜びというのは確実にあります。

だって、狭いマンションから広いマンションに引っ越したほうがうれしいはず。

「女房（旦那？）と畳は新しいほうがいい」と言いますが、じつは生活用語としての「変更」はおおむね楽しい記号なんです。

しかし仕事になると、急にネガティブな言葉に変わってしまう。

日本企業のふざけているところは、「最初に立てた計画どおりにできました」と言うと、パチパチパチパチパチと拍手するんです。そして社員も、その計画を守って仕事をすることを至上命題だと思っている。

「イノベーションを生み出すような商品をつくるんだ！」という目的で市場調査をし、企画を通して、開発を3年で計画したとします。そして〝順調に〟3年後に計画どおりに商品が開発されたとしましょう。

しかし、その3年の間に、世界の動きや世の中のお客様の心の動きに変化がないと思いますか？

そんなわけがありませんよね。

左ページの図を見てください。

アウタースケールの視点はここでも大切になってきます。

要は、最初にどんなに斬新だと思えた商品開発の目標を立てても、競合他社の商品だってユーザーの意識だって日々進化している。

感動を生み出す商品開発プロセス

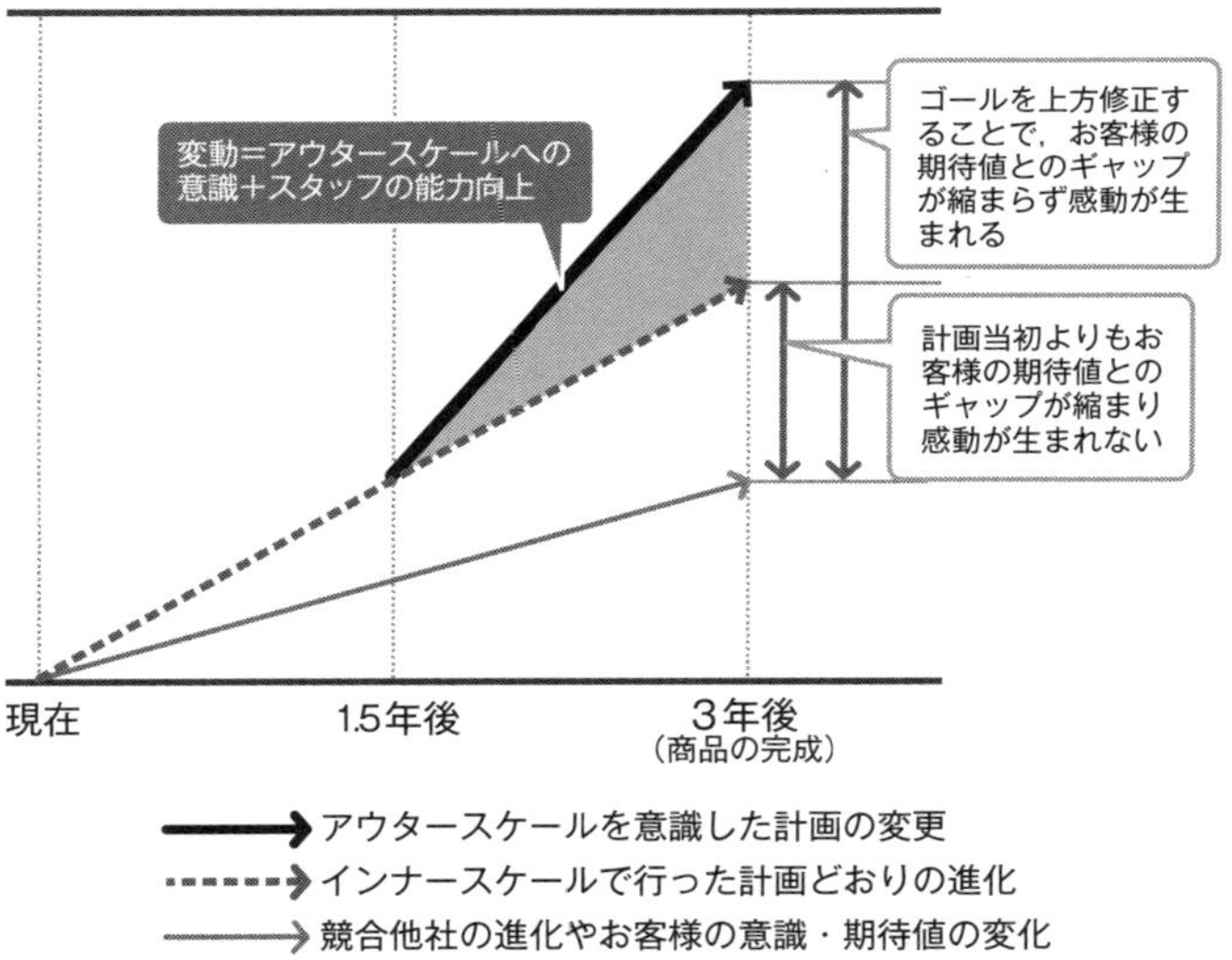

日産GT-Rは計画の変更を前提にして開発された。最初の1.5年で基本仕様の決定（試作車づくり）と人材の育成を、残りの1.5年で市場投入のための開発(生産工場でのクルマづくり)を行った。

だから、計画当初の商品に対する市場の期待というのは、完成時にはかなり低くなっているんです。

さらにもっと大事なことは、この期間でチームのメンバーもすごく進化するんです。新人のときと、1年半働いたときと、人の能力が一緒のわけがありません。それを計算に入れないというのは、人をモノとしか見ていない工数の概念、能力を存分に発揮させていないということです。

この「変更力」というものは、柔軟性のない組織には無理。アウタースケールを持ったチームだから持てるのです。

イノベーションを生み出したい――。

それがモノづくりをしている人たちの目的であり上位概念です。

しかし、計画に沿った組織のインナースケールでは目的は達成できません。先ほども説明したとおり、時間が経てば商品に対するお客様の期待とのギャップが少なくなってしまうから。

ギャップが埋まってしまうと、ただ単に「ほかと比べていい」という理性での反応しか生まれない。感動を生み出す商品のはずが、結局大量消費材・大量生産型のバリュー商品レベルとしか認識されなくなる。

しかし、変更する力があって、ギャップをキープすることができれば、想定外の素晴らしい商品として迎えられ、

「アメージング！」

「信じられない！」

「ワオ！」

という感性が刺激された、言葉にならない感嘆となって返ってきます。

当初の目標に過ぎた時間分の上積みの変更をすることで、そんな感性の言葉を生み出すという目的を実現できるのです。

極論を言ってしまえば、本来日程計画をつくるべきではありません。日程を軸にスケジュールを立てるから、計画を変えることができないのです。

だから私は「活動計画をつくれ」と言っています。決まったことを決まったとおりに行うのが日程計画だとしたら、日々進化するお客様や自分たちの実力に合わせ、柔

軟に実際の目標と達成手段の変更ができるのが活動計画です。

僕は毎週、活動計画を変更していました。活動計画は決めたことを守るためにあるのではなく、当初の目標のギャップを確保するため、より良い状況でいい仕事をするためにあるからです。

アウタースケールの視点で、目標と活動計画はつねに変えていくことが大事です。

「たとえ無理だとわかっていても…」は美徳ではなく無駄

ヨーロッパで買うと5000〜6000万円はするはずの性能と仕様の日産GT−Rが、なぜ800万円程度で販売することができるのか？

これが、世界中のモータージャーナリストが指摘している謎。

その謎を解くには、いかに日頃アウタースケールの視点を持って、物事の本質を追い求めて仕事に取り組んでいるかが問われてきます。

ここではGT−Rのエンジン開発のエピソードをとおして、謎に迫っていきましょう。

エンジン1基の開発には数百億円もかかります。

その主な内訳は、ザックリと言いますと「人数×部品代×時間」ということになります。たとえば開発に携わる人数を減らし、かかる時間を短縮することができると、かなりの予算削減に繋がります。

トランスミッションも新しく1基つくると、エンジンと同じくらいの資金が必要です。エンジンとトランスミッションの両方を新しく開発するとなると、とてつもない巨額の開発費が必要となります。

それがGT－Rの場合、エンジンとトランスミッションがそれぞれ数十億円で、両方を合わせても100億を大幅に下回っています。ふつうの10分の1という低コストだったのです。

それもGT－Rという世界最高のエンジンとミッションをつくったのですから。

たとえばスカイラインに搭載されているエンジンと比べてみると、スカイラインが330馬力で、GT－Rが550馬力です。

ふつうエンジンやトランスミッションの開発では、100台売って何台くらいクレームが出るか事前にクレーム率を想定します。むろん、そのクレーム率を基にして弾き出されたクレーム回収費が新車の価格の中には含まれています。

一般的には0・2〜0・3パーセント程度のクレームがあると文献などでは言われています。

GT－Rの場合、およそ2万台以上を販売し、かついろいろいろなサーキットなどで超高速で運転されているにもかかわらず、クレームによってエンジンを交換したのは数基だけです。それも、オイルパン（エンジンの部品の一部）などのシール剤の塗布不良レベルです。

なぜそのようなことが可能だったのか？

インナースケールの目線に立つと、「その開発は未経験なので長めの開発期間が欲しい」「何が500馬力のエンジンには必要なのか研究したい」などと言っている間に「ヒト・モノ・カネ・時間」が湯水のように費消されていきます。

理由は、簡単です。

それは、自分や会社が「できない」ということを正直に認めないから。

日本には以前、国土交通省が決めた「280馬力規制」というものがありました。それ以上の馬力があるエンジンをつくってはいけないという「お達し」です。そのため日本のエンジン開発は280馬力までで止まっていました。

要するに、日本の自動車メーカーは量産で280馬力以上のエンジンをつくったことがなかった。その点、ポルシェやフェラーリなどは600馬力のエンジンの開発なんて手慣れたものです。

そうした状況で、日産のような280馬力以下のエンジンしかつくったことがないメーカーが「自力で開発する」と宣言した瞬間、世界的なエンジン開発競争で最後尾に並ぶことになるし、湯水のようにヒト・モノ・カネ・時間を使うことになるでしょう。

しかも、その中身はポルシェやフェラーリが20年前にやっていたようなことからはじめることになります。

その時点で、もう負けです。

なぜなら、こちらが新しいエンジンの開発を終えたころには、すでにポルシェやフェラーリは次のエンジンを搭載したクルマを売り出しているに決まっています。

ではどうするか？

「ポルシェを買ってきてエンジンを分解し、研究すればいいじゃないか」

そんな意見もありそうですが、それでは開発中の次世代のポルシェからは遅れます。つまり、後追いをするだけで永遠にポルシェには勝てません。

じつはイギリスには、ベンツやＢＭＷなどがエンジン開発を頼みにいくあるエンジンメーカーがあります。

そのメーカーはレーシングエンジンやＶ６などをつくり慣れていて、レベルもポルシェやフェラーリに負けていません。エンジンの出力を効率よく発揮させる技術や方法も知っています。しかもレーシングエンジンの開発や生産もやっていますから、多品種少量生産にも対応しています。

そう、ポルシェやフェラーリのさらに上を行く、５００馬力のエンジンの基礎開発をそのメーカーに頼めばいいのです。

それをズルいととらえるか、効率的ととらえるか。

多くの日本人の感覚は前者かもしれません。日本の会社では、できないことでも歯を食いしばって挑戦するのが美徳とされています。

たとえば、自宅の水道管が破裂したとき、経験もないのに直そうとする人はいないと思います。仮にいたとしても、ホームセンターへ行って、わけのわからない似たような部品を取っ替え引っ替え買ってきて、合うの合わないのと試行錯誤することになるのがオチです。

時間×部品代で考えたら、じつは出張費も入れてもプロに直してもらったほうが安かった、なんてことは往々にしてあるはずです。

だから僕にかぎらず、私生活の中ではみんなできないことを人任せにしているのに、仕事だとできないことを認めようとしない。

なぜなら、使うのは自分のお金ではなく、会社のヒト・モノ・カネ・時間だから。

実際、ＧＴ－Ｒと同時期に国内で開発されていたあるスーパーカーは、10年開発期間を要して売ったのはたった５００台。しかもその後、生産中止にしてしまった、などという例もあります。

本来、会社の仕事はいかにヒト・モノ・カネ・時間をかけず、目的に対して合理的に対処するかが大切です。「うちは自動車会社だからゼロからつくらなきゃいけない」というルールはだれが決めたのでしょう?

アウタースケール（外の力）とインナースケール（自己の実力）のバランスの使い分けも、モノづくりでは大切なことなのです。

きっと小学校のころ、先生に「勉強は1人でコツコツがんばって学ぶべきものなんですよ」と教わったものだから、できないことを認めるのは横着であり罪であるかのごとく感じているのかもしれません。

しかし、自分が正直に「できない」と認めることで、世界でトップレベルのエンジン技術を持っているメーカーに頼むことができるのです。そのエンジンを使って、チームの人材育成や技術力をつくり、そのあとで正式な生産仕様の開発をすることで、スーパーカーの開発でも最後尾からではなく、ポールポジションからスタートできるのです。

これもインナースケールに縛られない、目的志向のアウタースケールの考え方でもあるのです。

ミッションも同様で、ドイツのボルヌワーナーという世界最先端のミッションメーカーに、自力では遅れている部分の設計製造を任せてしまえばいいだけのことでした。GT－Rの開発チームは、それ以外の部分と、さらなる機能向上を担うというわけです。

こうすることで、自力なら数百億円もかかるトランスミッションの開発費用が10分の1程度ですむのです。

自分が「できない」と認めることで、はじめて開発のスタンディングポイントや視界を大きくとらえられるのです。

それは自動車メーカーに限らず、IT企業、住宅メーカー、電機メーカーなど、どんな企業にでも当てはまることです。

僕は、自分を「究極の素人」と思っています。だから新しいものに挑戦するとき、いつもゼロからリセットしています。

インナースケールの視点しかない人は「できる・やるべき」という「べき論」で事前に何も準備しない、一方アウタースケールの視点がある人は「できない」と思っているから事前に準備する――。

僕の場合、GT－Rやスーパースポーツセダンの開発は事前にアウタースケールで学習しているから「できる」なんです。でも、スーパーワンボックスやスーパーSUVの開発なら、事前準備をしていないので「できない」なんです。

ゴーンCEOが僕に「ワンボックスのスーパーカーをつくってほしい」と言っていたら、僕は断っていたかもしれません。

僕には「できること」「できないこと」が明確にわかっていたから、失敗することもなく日産GT－Rを完成させることができたのです。

ビバリーヒルズの住人が教えてくれたこと

日産GT－Rの開発をはじめた僕は、当初から「世界がGT－Rをスーパーカーとして認めてくれるかどうか」を検証する勝負の土俵として、ヨーロッパではなく全米有数の高級住宅街として名高いビバリーヒルズを想定していました。

その中にある2車線のロデオドライブ沿いには、シャネルやブルガリ、グッチ、フェラガモ、プラダなど高級ブティックが100軒近く軒を連ねています。

通りを走っているクルマは、多くがポルシェやフェラーリ、ランボルギーニ、ベンツ、BMWなど高級車ばかり。

僕は自ら完成したばかりのGT－Rのハンドルを握り、ロデオドライブをビバリーヒルズ側から映画「プリティー・ウーマン」や「ビバリーヒルズコップ」にも登場した超高級ホテル「ウィルシャー」のほうに向かって走らせました。

まさに予告なしの初お披露目。どれだけの人がGT－Rの雄姿に感嘆し、振り返ってくれるのか――。

デザイン的な要素も、アウタースケールで検証しようとしたのです。

僕が乗ったGT－Rの前後には、予想通りポルシェやフェラーリ、ベンツ、BMWなど錚々《そうそう》たる高級車が走っていました。僕も時速30キロくらいで200メートルほど走っていたときです、なんと鋪道はもとよりセンターラインの植え込みにまでGT－R見たさに人垣ができたのです。

ブルガリのお店から飛び出してきた黒いスーツを着た男性は、信号待ちで停まったGT－Rの窓ガラスを手で叩き、意気込んで「このクルマはどこで買えるんだ？」と聞いてきました。

「GT－Rは売れる」

そう思った瞬間、ゾクッとして全身に鳥肌が立ちました。

日本のモータージャーナリストは当時、「GT－Rのデザインは日本的すぎる」と酷評していましたが、世界は日本という文化がつくり上げたGT－Rを最高のスーパーカーと認めてくれたのです。

あの日、GT－Rは圧倒的な存在感で人々の注目を集め、我が人生で最大のイベントとなりました。もちろん最高の気分でした。

第6章 ブランドの正体

なぜ良いものをつくっても売れないのか？

「これなら絶対に売れる！」

本当に価値がある商品ができたと自信を持って市場に出しても、期待どおりに売れないケースなんて多々あると思います。

そして、売れない理由を延々と考えて悩むわけです。

広告費が足りない、販売チャンネルが足りない、商品の良さがわかるほど顧客が成熟していない、そもそも業界全体のマーケット規模が縮小気味……。

あげていけば切りがありません。

あなたもきっと、そんな悩みをお持ちのことでしょう。

すでに言いましたように、顧客志向は僕の信念を支えてきた骨格ですが、GT－Rの販売についても貫かれています。僕は日産GT－R（R35型）の企画・開発・生産・営業・収益・品質のほか、販売についても責任者として試行錯誤を重ねました。

もちろん、僕もGT－Rの商品価値には自信を持っていましたが、販売という面においては、ただ出せば売れるというほどの環境は整っていなかったのです。

たとえば、販売チャンネルという点においてもハードルがありました。

欧米の自動車メーカーの場合、大衆車と高級車とで販売会社を分けています。ベンツは、価格がいちばん安いスマートを「ソウチ」という別会社で販売。GMもキャデラック、ポンティアック、シボレーと、ディーラーを系列分けしている。日本では唯一トヨタが「レクサス」ブランドと「トヨタ」ブランドに分けています。

ランクの高いクルマを買うお客様には、それなりのラグジュアリーなサービスを提供することが常識になっています。お客様の経済力の差で差別しているのではなく、あくまで商品の価値に対して平等にしているのです。海外の要人が来日した場合、ビジネスホテルを用意する人はいません。一流のホテルに泊まってもらいますよね。それと同じ理屈です。

このように、販売チャンネルを分けるのがふつうなのですが、日本のトヨタを除く各社の販売形態だけが違っています。日本の自動車メーカーでは、軽自動車から高級車まで同じディーラーが扱っている。農村の畦道《あぜみち》を走る軽トラックから高級車まで同じ店舗で、同じセールスマンが売っている。こんな例は世界的にありません。

日本人の一億総中流意識と学校教育の結果でしょう。

さらに欧米の自動車販売は日本よりも規制が少なく、たとえばベンツのクルマを購入した顧客が工場まで取りに行くことがEUライセンスで認められています。工場直渡しといって、むしろ価格が高い。それがまた、顧客のステータスとなっているのです。

それが日本ではできない。法律で、ディーラーが顧客に納めないといけないようになっているから。

僕は、GT－Rは極めて嗜好性の高いクルマと考えています。価格が800万円近いクルマともなれば、ある程度、購入されるお客様は限られてくる。それを買える人と買えない人がいます。

当然、販売店もGT－Rを購入されるお客様の嗜好を意識せざるをえません。せっかく高い買い物をするお客様にパイプ椅子に座ってもらって値引き商談するようでは、ステータスなど微塵も感じさせることはできません。「所詮その程度のクルマか」と思われます。

では、GT－Rをどう売っていくのか？

トヨタは、レクサスを売り出したとき独自の販売チャンネルを立ち上げました。インナースケールの目線しか持っていない人は、なにをやるにしても猿真似しか知りません。パッとレクサスのことが頭に浮かび、深い考えもなく本社に「ポルシェ、ベンツに負けないディーラーを立ち上げて、そこで販売しましょう」といった提案を持っていくでしょう。

簡単にディーラーを設立するといっても、相当の資金が必要になってきます。当然、日産や販売店には、そんな資金などなかった。

そこで僕は、2つの施策を試しました。

1つ目がいまある販売店を厳選してGT－Rを売り出すことにしたのです。

当時の日産の販売店は全国に1600店舗ありましたが、その中からGT－Rの高性能を維持するための特別なサービス工場を兼ね備えた日産認定の「日産ハイパフォーマンスセンター」となりえるお店を選び、そこで販売することにしたのです。

トヨタはわざわざレクサス店をつくりましたが、「日産ハイパフォーマンスセンター」は「日産の店舗の中でお客様を分ける」という考え方に基づいています。「ファーストクラス」と「エコノミークラス」が機内に同居している飛行機と同じ発想です。

これならいまある財産だけで、サービスをまかなえますし、GT－Rのイメージによってほかの日産車のステータス向上にもなります。

チームそのものが商品になる

しかし、店舗を厳選したといっても、昨日まで軽自動車やマーチを売っていた販売員に日産GT－Rの説明能力を求めても無理というもの。できるわけがないし、お客様もそんな販売員を相手にしません。

百円ショップの店員に「明日からシャネルの販売員になれ」と言うようなものです。

ディーラーにしても、お金をかけて店舗のインテリアを豪華にする余裕などなかった。

たとえばポルシェの購入予定者は「ポルシェセンター目黒」を訪れ、ふかふかの革のソファーに座って、淹《い》れたてのブランドコーヒーが味わえます。ベンツの購入予定者も同様で、「メルセデス・ベンツセンター東京」や「ヤナセ・ベンツショウルーム」を訪れる。

そうした人は、高級車を購入するときにディーラーなんて訪問しません。日頃明治屋や成城石井、デパートなどで食材を買っている人が格安スーパーには行きたがらないのと一緒。

それは自分の生活圏とは違うというプライドがあるから。

それでも、GT－Rはパイプ椅子の販売店で売るしかなかった。

では、このハンディキャップを、どう克服していくのか？

その答えが2つ目の施策です。

アウタースケールの視点で考えてみましょう。

たしかにポルシェやベンツの販売店にはラグジュアリー感があります。しかし、クルマの購入者の家にも、きっと高価な革のソファーはあるし、日常生活でブランドコーヒーも飲んでいる。

インナースケールの目線では「高級」な生活と映るかもしれませんが、アウタースケールの目線で見るとそれが彼らの日常的な生活圏にすぎないんです。じつは特別でも何でもないスタンダードゾーン。

だからポルシェやベンツと同じ土俵には上がるべきではないのです。彼らが行っていた高級ホテルでの新車発表会なんてするべきではない。

その代わりに、何をすればいいのか？

僕は、欧州勢が真似のできない施策を考えつづけました。もちろん、お金がかからないというのが大前提。価値があって、しかもプライスレスな販売の本質を見つけ出そうとしていたのです。

そして、こんなアイデアを実行に移しました。

開発責任者が直接、お客様にＧＴ－Ｒの素晴らしさを説明し、同席している販売員が契約の交渉をする。スーパーカーを趣味で購入するようなユーザーは、かなりエモーションが高い。開発責任者や開発チームのメンバーが目の前にいるというシーンに、きっと感動してくれるはずだ——。

チームも商品にするということです。

ポルシェやベンツの開発責任者が、わざわざ来日して購入予定者との商談に同席するということは、まず考えられません。

僕は、それを世界中の主要なマーケットで実行しました。言うなれば、日本旅館の女将《おかみ》がわざわざ部屋に来てあいさつしてくれるような「おもてなし」を世界でやるのです。

お客様からお呼びがかかると異国の地でも飛んで行きました。日本に限らず、ヨーロッパや中近東、アジア諸国にもホイホイと出かけて行ったのです。

中東では、お客様にサーキットへ来ていただきました。お客様自身がGT－Rを時速100キロからフルブレーキングし、何メートルで止まれるかなど、いろんなデータを取ってお見せしました。

ふつうのクルマはブレーキをかけてからでも40〜50メートルほど走るのですが、GT－Rはフルブレーキングで26メートル。これだけでもGT－Rのブレーキング能力の高さ、ポテンシャルの素晴らしさがわかってもらえます。

さらにお客様には開発ドライバーの運転するGT－Rに乗ってもらい、限界まで性能を体験してもらいました。カタログを超えたその走りに、もうお客様は大感激。

そして、開発責任者の僕が直接GT－Rの本当の姿について説明するんです。

お客様にしてみると、これ以上のGT－Rに対する「信頼」はありません。しかも、試乗を心から楽しめ、想像もできなかった走りを体験する。

世界中のどの自動車メーカーもやっていない最高のおもてなしをするのです。

もちろん日本でも、お客様商談会で実際にお客様が1人では借りることができないサーキットやテストコースで試乗してもらい、GT－Rの素晴らしさを知ってもらいました。

ここまでくれば、お客様は正式契約の場所がパイプ椅子しかないディーラーの店舗であっても、納得してGT－Rを購入してくれるのです。

この販売手法こそ、GT－Rの販売での「非常識な本質」なのです。お客様にとって高級ホテルで新車発表会に招かれるのと、開発責任者やチームと一緒に試乗するのとでは、どちらのほうが「信頼」や「ステータス性」を感じるか。当然後者です。

とくに中東で試みた販売プロモーションの効果はすごいものでした。GT－Rの日本での発売開始は2007年12月。発売と同時に、欧米の雑誌にも広く取り上げられました。

そんな折、中東から「2008年4月からはじまる北米向けの生産に合わせて繰り上げ販売ができないか」という問い合わせがあったのです。それも1件だけではなく、次々と寄せられてきました。

なかには「左ハンドルのGT－Rをロイヤルファミリー向けに100台つくってほしい」という依頼もありました。

中東での発売開始は2009年春を予定していたのですが、僕はロイヤルファミリー向けに、GT－R販売早出し提供を約束しました。

この話が口コミで広がり、ほかのロイヤルファミリーからも次々と注文が舞い込んできたのです。その数は、優に400台を超えていました。

高級品は恒久品

僕はいつも高級品を「恒久品」という字を当てて書いています。

みんな持っているお金には差はあるし、願望にも差がある、でも、時間だけは、どんな大金持ちもどんな天才もどんな人間も、平等に持っているパラメーターです。

つまり、不変の価値のパラメーターは時間ということ。

女性がなぜブランドを買いたがっているかといったら、何年も使えるし、なかなか価値が落ちないから。

ブランドには、恋をしているときのように、その魅力によって時間を忘れさせる力があります。

どんなに時がたっても価格が落ちない。それどころか、モノによってはどんどん価値が高まっていく。これを実現させたものがブランドであり、恒久品です。

僕は日産GT－Rをブランド、恒久品として開発しました。

もちろん、どんな素晴らしいクルマでも経時劣化は避けられません。だから、「恒久」と呼ぶにはいささか無理があるのではないか、というご意見もあるでしょう。

でも僕は「イヤーモデル制度」を採用することで、「恒久」というコンセプトを実現させました。

自動車雑誌では、GT－Rだけは発売以来、ずっと「進化するクルマ」と書かれてきました。GT－Rのオーナーも、その進化を楽しんでいます。

たとえばクルマを5年に一度しかモデルチェンジしないと、それだけで技術の進歩が5年間にわたって止まることになる。

それは、同じモデルの次期型を開発するスターティングポイントも5年前に戻ってしまうことを意味しています。時間軸で見ると、これがメーカーの技術の進化を止めることにも繋がっている。

だからGT－Rを毎年のように進化させるため、僕はイヤーモデル制度を採用しました。この制度を採用しているのは、業界でもGT－Rだけ。

ほかのクルマでもヘッドやテールのランプなどの形状を少し変えることはありますが、エンジンやミッション、サスペンションなど走りの主要部分の仕様を毎年のように変えながらクルマを販売しているなんて例がなかった。

イヤーモデル制度を採用した狙いには、次期型の開発に着手したとき、つねに最新の技術を持ってスタートしたいという思惑がありました。

僕がはじめたバージョンアップキットも、同じ視点から生まれたものです。

最新のGT－Rのサスペンション、エンジン、ブレーキなどをGT－Rのオーナーに提供したのです。その狙いは、お客様に売ったクルマでも進化させていくということ。新車でも、時がたてば機能や性能が劣化していきますからね。

こうすることで、売ったあとのお客様のクルマでも現在のモデルと同じ性能や機能に近く、つねに進化できるというわけ。

もちろん、バージョンアップキットが装着されれば、それがのちの査定できちんと値付けの評価対象にもなります。

恒久価値観に基づいたイヤーモデル制度の概念図

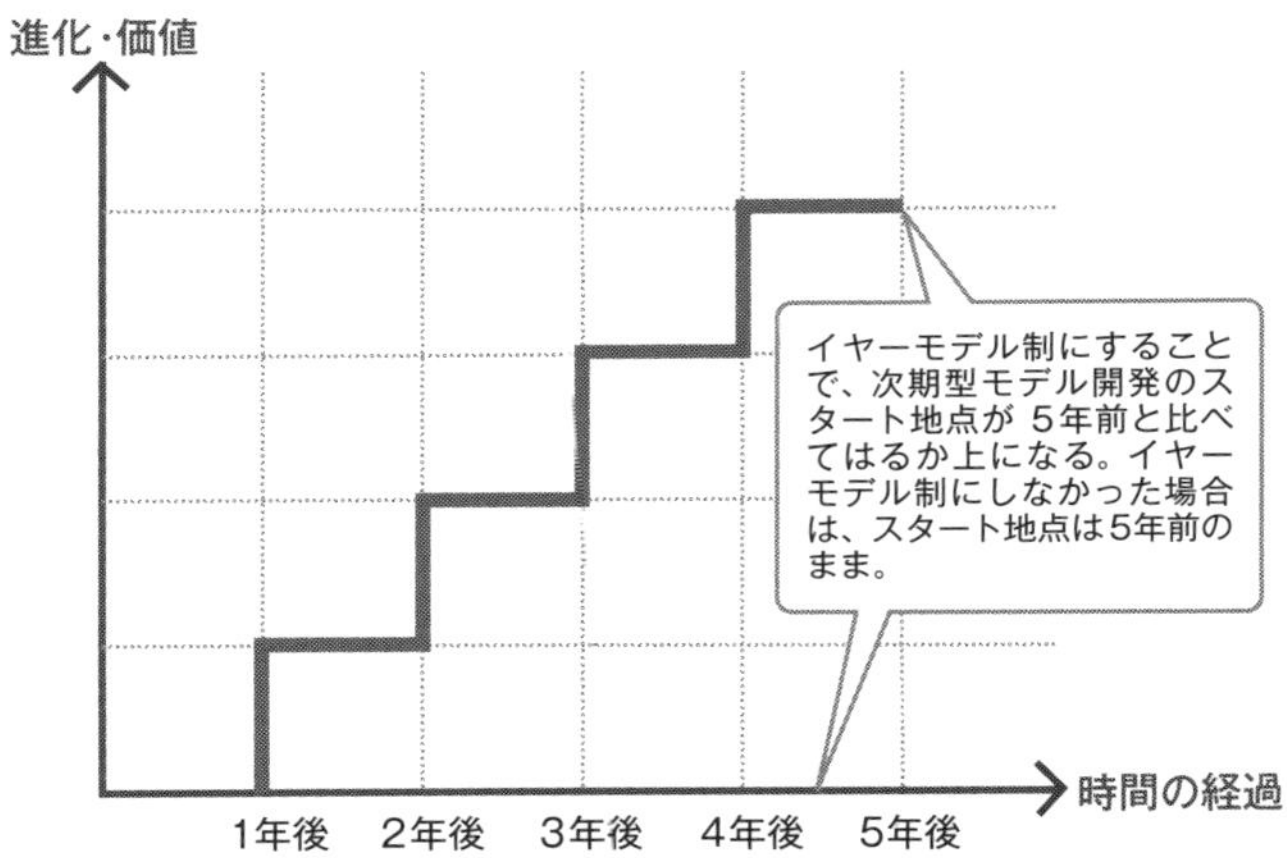
進化・価値
イヤーモデル制にすることで、次期型モデル開発のスタート地点が 5年前と比べてはるか上になる。イヤーモデル制にしなかった場合は、スタート地点は5年前のまま。
時間の経過
1年後
2年後
3年後
4年後
5年後

日産GT-Rは時間が経過しても機能や性能が劣化するどころか進化する。

これは同時に、お客様に「おもてなし」の姿勢を示すことでもありました。

こちらとしては、オーナーに「メーカーは私のことを忘れていない」とわかってもらいたいんです。GT-Rの新車は毎年仕様が変わるけど、自分のクルマだって新車と同じようにステップアップできるんだと。

現代のバリューばかり追い求める日本のメーカーは、このような恒久価値を忘れているのではないでしょうか。これではブランドという「恒久品」がつくれるわけがありません。

戦後日本が真似をしたアメリカ文化の価値は、つねに新しい、ニュー、そして消費。一方、ヨーロッパの価値はオールドであり、キープです。古さとは何かといったら、ひっくり返してみれば時間に左右されない恒久の価値です。

アメリカ人は結婚するけど離婚する。日本人もそう。でも、ヨーロッパ人は離婚を嫌がって最初から結婚しなくなった。オランダは60パーセントが同棲のようです。この根底にあるのが、恒久価値観です。

たとえば陣内智則は、藤原紀香と付き合っていたころの素晴らしさを、結婚したとたん忘れてしまったのではないでしょうか？　自分のものになっている錯覚に陥ってしまう。日本人はよく外に向かって「うちの愚妻が……」なんて言い出すことも多々あります。

しかし、ヨーロッパ人は死ぬまで「素晴らしい人と結婚した」と言いつづける。現地のメーカーも、僕が見れば大したものではなくても、「これは創業者が50年前につくったもので、いまだに世界一のものです」と説明してくれます。

かつて日本だってヨーロッパのような恒久価値観を持っていました。戦前は離婚なんて言葉はあまりありませんでした。

でも、アメリカの消費型使い捨て文化が入って変わってしまった。人や音楽や書籍までもが消費財と思われてしまう錯覚を生み出す今日です。だから日本人が世界に通用するブランドをつくれなくなったんじゃないかというのが僕の考えです。

中古に価値がつく仕組み

恒久価値実現のための施策はこれだけではありません。

もう1つが「認定中古車制度」です。

ふつう中古車は査定員が車体のキズの有無などの外観をチェックし、さらに年式、走行距離などを調べて下取りや販売の価格が決められます。

たったそれだけのボディチェックで、中古車販売店を訪れたお客様は世界一の性能を謳ったGT－Rの機能や性能が保証されていると信用してくれるでしょうか？

そうは思えません。

やはりコンピュータボックスやコンサルト（電子システム診断装置）、床下の部品やユニットのチェック、走行履歴や改造の有無などを徹底的にチェックし、その結果を表示するとともに値付けをすべきではないか。それがお客様の信頼に繋がるのではないか――。

そう考えた僕は、日産GT－Rの機能や性能、整備も含めて徹底的にチェックした値付けを保証する「認定中古車制度」をはじめました。

こんな手間がかかる制度は、中古車を扱っている「日産中古車ユーズドカーセンター」や「ガリバー」などもやっていませんでした。

クルマを売ったあとでも、お客様の信頼を維持しつづける――。

中古車に信頼を付加することで、中古車市場の規模を2倍にも、3倍にもできると思っていました。

GT－Rの中古車オーナーは、その多くが「走りを楽しむ」ために購入されています。しかも、クルマの機能や性能は「認定中古車制度」で保証されていますから安心して走らせることができます。

認定中古車と認められたＧＴ－Ｒは、中古車市場でだいたい５００〜６００万円が相場となっています。６００万円というとフーガやマジェスタの新車が買える値段です。

しかし、これまで認定中古車制度で保証されたＧＴ－Ｒのオーナーから「価格が高い」とクレームが寄せられたことはほとんどありません。むしろ、点検や整備にきちんと時間をかけてくれたと思っています。その価格の高さこそが中古車市場でもステータスになっているところもあるんです。

クルマの再販にはアフターセールスというマーケットが存在しているのです。

もちろん、改造されたＧＴ－Ｒは「認定中古車」にはなれません。

純正ではなく社外品のブレーキを使っていたとしたら一切保証しないということです。

中古車市場で怪しげな改造車をつかまされるのと、完璧なチェックが入ったものを手に入れるのとでは、どちらを選びますか？

聞くまでもないですね。

これまでお客様は、アフターショップでタイヤやサスペンションなどを交換するとクルマの性能がアップすると思い込み、やたら改造に走っていました。

だから僕が「認定中古車制度」を打ち出したあと、アフターショップ業界からずいぶんと攻撃を受けました。

「いままでGT－Rを改造することで飯を食べてきた。おまえのせいで、この業界の半分が潰れている」

いわゆる「改造屋」と呼ばれているアフターショップです。

不正改造を煽っていた雑誌も、日産がアフターパーツを締め出して部品利益を独り占めにしている、ユーザーが自由に走る権利を奪っている――などと書く始末。

ディーラーには、お客様がクルマを点検したときの整備手帳があります。そこには修理の履歴が載っています。GT－Rのオーナーには、購入時に注文書に加え、「不正改造をしたときの保証は要りません」と書かれた承諾書にサインをしてもらいました。

その場限りで品質の保証ができない不正改造を決して認めないことが、やはりGT−Rという「恒久品」としての価値の追求とユーザーの信頼に繋がっていくのです。

ポジティブなアフターサービス

一口に「アフターサービス」と言っても、2つの側面があることをご存じでしょうか？

ポジティブなものとネガティブなものです。くそ味噌一緒じゃダメなんです。

たとえば、キッチンの湯沸かし器が壊れたというお客様のために購入先のスタッフが修理するというのがネガティブなアフターサービスです。ふつう、アフターサービスと呼ばれているもののほとんどが、この種のものを指しています。

しかし、はたしてそれがお客様の喜びに繋がり、業者に対する信頼を高めているのか？

そもそも商品には、経時劣化というものが付き物です。機能自体は壊れているわけではありませんが、時間とともにどんどん劣化していきます。一般的なユーザーなら、湯沸かし器の構造なんて興味がないので直し方はわかりません。

その一方で、お店の人に聞かなくても商品のカタログやマニュアルを熟読し、それを購入する前に店員よりも商品知識があるというユーザーがいます。それがまさに日産ＧＴ－Ｒのオーナー。セールスマンに聞かなくてもスーパーカーについて相当の知識があります。

だからＧＴ－Ｒを発売した当初、お客様から「販売員が私の知っていることさえ説明できない」といったクレームも少なくありませんでした。

僕は世界中のディーラーの販売員やメカニックに、そうしたお客様に対応するために僕自身が教育講習会を開くなど、教育しました。やがてお客様がディーラーを訪れても、今度は知らないとは言いません。お客様も販売員を信頼し、商談もスムーズに運ぶようになったのです。

ではポジティブなアフターサービスとは何か？

一般的な例としては、航空機があげられます。人が死んでからでは何をやっても遅いですよね。事故が起きないよう、徹底的に事前に整備をしています。

これをGT－Rに応用し、僕はお客様に対する「予防整備」と「性能保証」というアフターサービスをはじめました。クルマの機能や性能が劣化する前にお客様にアドバイスし、メンテナンスするのです。

壊れたものを修理してクレーム費用で処理するというものではなく、壊れる前に使い方やメンテナンスの方法を指導してあげるのです。ここには我々の「壊れて止まるなんて思いは絶対にさせないぞ」という思いがあるのです。

そうやって、お客様との信頼関係を築いていきました。

バリューとは比べ物にならない価値がある

ちなみに、スポーツカーとスーパーカーの違いがわかりますか？

一般的な定義はないようですが、僕の中では明確にあります。

スポーツカーというのは、モノとして、なおかつユーザーの運転スキルの範囲内で遊べるクルマのこと。具体的にいえば、400馬力以下。

一方、スーパーカーはモノを飛び越えて、「俺はGT－Rを持っている」「俺はフェラーリを持っている」と、頭の中の感性で所有するクルマのこと。

そして、性能が人間の技量をはるかに超えているクルマ。だから所詮100パーセントの性能を使いこなすのは不可能。巨大なモンスターを手なずけようとするような感動をともないます。

もっと端的にいえば、「自分の満足」で終わるのがスポーツカー、「他人に自慢できる」のがスーパーカーということになるでしょう。

何が言いたいか？

さきほどお話しした「恒久品」とリンクするのですが、僕は商品を明確に2つに分けることができると考えています。

数やシェア、バリューで評価される「製品」と、価値と信頼で評価される「ブランド（作品）」。

それをスポーツカーとスーパーカーの違いでお伝えしたかったのです。

製品とブランドの違い

	製　品	ブランド(作品)
顧客の購入動機	理性の判断(損か得か)	感性の決断(自分の感動、世の中に対しての価値)
対象顧客	すべての人	限られた人
価値	相対評価、バリュー、いつかは捨てることが前提	絶対の存在(世界唯一)、恒久的・資産的価値
市場	安定市場(代替需要)	変動市場(感動需要)
販売価格	250万円以下	800万円以上
価格決定の要素	原価＋利益率＝販売価格(＋値引き)	存在価値＝販売価格(値引きなし)
開発環境	先進・最新鋭設備	人(匠)の技
ヒト・モノ・カネ・時間	膨大	最小限
例	3000円の電波時計	スイス製の2500万円の時計
文化	アメリカ型消費文化(現日本)	ヨーロッパ型消費文化(旧日本)

もう少し身近な例でご説明しましょう。

近所の魚屋さんで売っているサンマは1匹200円以上では売れません。ところが、もしわざわざ銚子まで出かけていけば、たとえ1匹1000円もするサンマしかなくても迷わず買ってしまうでしょう。

近所でサンマを買う場合、いかに大きく、脂が乗って、新鮮で、ほかの店と比べて安く買えるか、という基準で選ぶ。そうしたモノとして比較される近所の魚屋さんのサンマはバリュー商品です。

人は、いつでも買えると思ったものに多くのお金を払わないんです。

一方、銚子のサンマは期間限定なうえ、わざわざ銚子まで行かなければ手に入らない。だから高いお金を払ってでも食べたくなるブランドです（心で食べて味わうサンマです）。

世界最高とか世界唯一、限られた場所やある権利を持っている人間しか買うことができないのがブランド（作品）なのです。

バリューにするかブランドにするか――モノをつくったり表現する人が最初に明確に分けて意識しなければならないことです。

僕はゴーンCEOと約束した中で「バリュー」という言葉は死んでも使わないと決めていた。日産GT－Rのお客様にとって、バリューという言葉は死に体の言葉なんです。

結果、GT－Rは、ブランドとしてヨーロッパでは比較的早く認知されました。

イギリス王室は、お忍びでシルバーストン・サーキットに来てGT－Rでドライビングトレーニングをしました。

ヨーロッパの有名な某国の国王は、わざわざニュル（ニュルブルクリンク）を訪れてGT－Rのテストに参加させてほしいと言ってきた。そんなことやったら警備が大変で、開発も止まりますから断りました。

たった1年で日本製のスーパーカーGT－Rを、イギリス王室をはじめ、ヨーロッパや中近東の王室までもがトップブランドとして惚れてくれたのです。

戦前の日本の価値観へ戻れ！

日産GT－Rの開発を発表したあと、新商品なので媒体とお客様もつくらないといけなかった。そこでお客様商談会をやったり、ジャーナリストに開発現場を見せたりしていました。

どんなに先進的な商品を開発しても、それがお客様に理解されないかぎり売り上げには繋がりません。じつは、新しければ新しいほど、モノの価値を認めていただくマーケットの環境づくりが大切です。

僕はＧＴ－Ｒの新車発表会の席で、こう言いました。

「このクルマの本当の姿は３年後にわかります」

すると、こう非難されました。

「毎年仕様が変わるクルマを売り出すということは、出来損ないの試作車を売ろうとしているのですか？」

散々でした。とくに誤解を招いたのが「イヤーモデル制度」でした。新しい概念を理解してもらうのは大変です。

発表した当時は、お客様もジャーナリストも、従来のクルマの開発や売り方しか知りません。僕がつくろうとしている未来のＧＴ－Ｒを見るのではなく、過去との対比をする。だからこういう反応が生まれるのです。もちろん、そうなることがわかっていたから、僕はあえて「３年後」と言ったのです。

しかしその後、毎年毎年クルマが素晴らしく進化する姿、開発すること自体を商品としたつくり手の姿を見せることで、３年たったらみんなも気づいてくれました。お客様も、いつしかモデルチェンジを楽しみに待ってくれるようになりました。

世界的なブランドであるスイスの時計は、毎年ジュネーブで展示会をやっています。あれは1年ごとに自分が込めた「まごころ」の発表会をやり、お客様の信頼を得るためものだと思います。

僕も、それをGT－Rでやったのです。

もともと戦前の日本には「1つのものを大事にする」「いつまでも使える」という価値観はあったし、これはいまもヨーロッパの根底にあります。昔の日本も、いまのヨーロッパも時間軸を超えた概念でブランド品をつくってきた。

しかし、戦後日本はアメリカの影響を受けて、「使い捨てて合理的に生きる」という文化思考になってしまった。

だから組織の歯車の中に、人間の思考も組み込まれてしまった。

しかし、このGT－Rの例のように、現在のバリュー一辺倒の消費文化だけではなく、恒久的な価値観も広く理解してもらえる時代が来るし、そうした時代に戻せるはずだと僕は思っています。

さようなら、GT-R!

これまで僕は、「ミスターGT-R」と呼ばれてきました。

その僕も、2013年3月31日をもって日産を退社しました。

すでに定年を過ぎていましたし、会社から「そろそろ後輩に道を譲ってほしい」という話がありました。

日産時代、スカイラインやフェアレディZなどの開発設計、カーレースへの参戦と3年ごとに自分に区切りをつけてやってきました。

それが日産GT-Rという船に乗り、6年間も航海してきました。どこか惰性で前に進まなくなっていたチームの現状にも悩みました。

一部のマスコミの方には個人的に「あと数年はGT-Rをつづけます」と公言していましたが、これから先は後輩に道を譲りたいという気持ちで会社からの提言に応じました。

日産GT-R(R35型)の外観も、アウタースケールでの最終決定を意識した。場所と条件は「ロサンゼルス市ロデオドライブのシャネル店舗前での最高のエンターテイメント感」、そして「ドイツの古い優雅なパレスとワイン畑での優美さと力強さ」(写真)と、開発スタート時点ですでに決めていた。

そして日本人の力と日本の文化で、GT－Rのような世界が認める「日本ナショナリティブランド」という新しい価値を創り出すための人づくりをしたいと思い、2013年3月31日をもって円満退社ということになりました。

ありがとう、みなさん、

そしてさようなら、GT－R!

＊

そして翌日4月1日、休む間もなく次のステージがはじまりました。

この新しいステージのスタートの1つが、この本の出版でもあります——。

おわりに——「生きる力」が現状を打破する

2年後の生存率は20パーセント以下です

2011年3月11日、東日本大震災が起こりました。

その夜、僕はお世話になっているお医者様から緊急の電話をもらいました。

「あなたの体は大変なことになっている。大至急、月曜日の朝一番で北里東病院に行きなさい」

そして月曜日の朝、僕は医師から次のように告知を受けました。

「あなたは末期の胃ガンになっている。おそらく2年後の生存率は20パーセント以下の状態です」

自覚症状はありました。すでに大きな胃潰瘍《いかいよう》があって、3カ月に1度くらい胃カメラで検査し、経過を見てもらっていたんです。

それが突然胃ガンに変身し、胃の壁を貫通してしまっていた。

僕は告知を受けたとき、いま振り返ってみても「ああ、そうですか」と思える程度の感想でした。

僕にとって日産GT－R（R35型）は、単なるライフワークではなく、人生を賭けた仕事だった。チームのみんなの夢を乗せて、お客様の感動に支えられて、そして日本人のモノづくりの力の証明のために僕は働いてきた。後悔なんてない――。

この思いが先に立ち、自分が死ぬかもしれないと言われたことになんの恐怖も動揺もありませんでした。

その日の午後、会社に行っても帰宅しても、表情ひとつ変わっていなかったと思います。

家族にはこう言いました。

「俺さ、医者に死ぬって言われたけど、今後ともよろしくな」

こんな話、なるようにしかなりませんからね。

この3日後には、オーストラリアで行われるフィリップアイランドサーキットでのお客様イベントのため、旅立ちました。

ガンの告知を受けたあと、あらためてしたことはなにもありません。

人はいつか死ぬんだし、生きることにも欲を持たないほうがいい。

だから、いつ死んでもいいやではなく、死ぬために生きるんだと。

人は死ぬために生きている——。

できることを全力で目いっぱいやってきた自分を褒めて死にたいし、何のために生きてきたんだなんて後悔するような死に方はしたくなかった。

人の死を本当に意識したのは、レース監督時代でした。ドライバーが事故で黒焦げになったシーンを目の前で幾度となく目撃してきました。

勝負を賭けた仕事の先には死が待ち構えていることをまざまざと見せつけられていたのです。

だから、いつ死んでも悔いは残さない、そのために生きようと。

末期ガンだったので、その年の6月、手術で胃や胆嚢《たんのう》、膵臓《すいぞう》、脾臓《ひぞう》を全部取りました。そのため手術も10時間以上かかりました。

しかし手術後、自分をかばって寝てばかりいると内臓が栄養を吸収しなくなると聞きました。そこで、病院内をリハビリのために仕事の相棒である中川さんに支えられ、死ぬようなつらさでしたが歩き回りました。1週間後には1階から4階までの階段を1日10往復していました。おかげで入院から2週間で退院し、翌日からは会社に出勤し、残業もふつうにしていました。

じつは会社でも一部の人にしか知らせていなかったので、周りは僕が休暇を取っていたのだろう、くらいの感じだったと思います、GT−Rのチームにも知らせませんでした。

おかげ様で、医師にはいま、「水野さん、何歳までも生きられますよ」と言われています。体型も、体調も、血液バランスも30代後半に戻っているということでした。だから、体は動きやすい。50代に溜めたメタボもなくなっていました。

変な話、医師が「脾臓も膵臓もない人間が白血球、赤血球、血小板のすべてが中央値でピタッと収まっているのはなぜなのか、よくわからない」と。

だって、それを補正する役割の器官がすでに体には残っていませんからね。

神がかった言い方ですが、やはりお客様の信頼やチームの期待に応えようと思う極限の力が、ガンからも自分を蘇らせてくださったのではないかと思いました。

こうやって予期しない病気や不遇に見舞われたとしても、それに屈することなく自分が生きていく環境を自分でつくるしかないということを教えてくれたのは、母親と祖母でした。

2人の「自分の好きな勉強ができる幸せ」「悪いこと、天知る、地知る、人が知る」という言葉は、この歳になっても僕の心の中に生きています。

いまは、おかげさまで本当になんともないんですよ。ふつうの生活ができています。

●——日本人しか持っていない「本質」

日本人の美しさは、東日本大震災のときに現れました。被災地で略奪に走る者もなく、絆を大切にした「人に尽くす」という姿勢が溢れていました。

同じ職人でもヨーロッパのクラフトマンシップと日本の匠とでは、その意味するところが違っています。

クラフトマンシップとは、そもそも職人が自分の技量の優秀さを支配層である王侯貴族に認めてもらい、パトロンになってもらい、自分の地位や名誉を上げることを意味しています。

一方、日本の匠とは、自分の作品を買ってくれた人の孫子の代まで使ってほしいという思いを込めてつくり上げる者のこと。その根本にあるのは「おもてなしの心」。これが、効率だけではない日本人ならではの「匠の技」の本質なんです。

そして、匠は人の喜びを自分の進化と感じる心を持っています。

日本旅館を思い浮かべてください。

女将は、社長でありながら旅行者が到着すると正装で各部屋を回って丁寧にあいさつをします。ほかの国ではありえないことです。日本人のおもてなしの心が可能にしているのです。

だから、外国人は日本を訪れると感動するんです。おもてなしの心に触れてビックリというわけ。

たとえば超一流の料理人は早朝の市場に出かけ、材料を見ただけで8時間後にそれを口にするお客様の姿がイメージできる。季節も天候も場所も時刻も全部ひっくるめて、お客様がどんな気持ちで、どんな順番で料理を口にするのか瞬時に判断できるのです。

このレベルに達するには、ふつうの勉強や努力くらいでは足りません。かといって生まれついての才能というわけでもない。

超一流のプロになるには、日頃の努力の向こうにある「鍛錬」が求められているのです。それは、体の感覚と頭の感覚、想像力がすべて一致するところまでお客様の感動や喜びのために自らを鍛えぬくこと。自分のために単にお金儲けをしようとしている三流の料理人とはまったく違うのです。

信じてもらえるかどうかは別として、僕は新しいクルマがひらめいたとき、頭の中では使っているネジの1本まで見えていました。

すべての答えはお客様にある――。

これが「匠の技」の本質です。

お客様に尽くす、与えるという文化は、やはり日本にしかありません。GT－R

は、むろん匠の技とおもてなしの心を表現しました。日本人にしかつくれない「マルチパフォーマンス・スーパーカー――だれでも・どこでも・いつでもスーパーカーライフが楽しめる」という、おもてなしと匠の心の具現化作品です。

この文化を武器にしない日本のモノづくりは、いずれ競争力を失うことになる。いや、すでに失っているのかもしれません。

「世界的なブランドなら、日本にもユニクロがあるじゃないか」

とおっしゃるかもしれません。

たしかに、ユニクロには世界的な知名度があります。しかし、これはアメリカ型のシェアとバリューのブランドにすぎません。貧しい国での賃金格差を武器にしたバリューとディスカウント戦略では価格競争に陥るだけで、この先も労賃の安い国に生産拠点を移動しつづけるしかないのです。

結果として国内で産業の空洞化が起こり、国民が疲弊していく。これでは日本の伝統も廃れ、日本固有の技術すらも雲散霧消し、やがてはなにもない国に落ちぶれてしまうでしょう。

ドイツならメーカーが違っていても、つくったクルマは同じように価値ある恒久ブランドになるし、アメリカのクルマもまた、メーカーが違っていても似たような製品になり、「アメ車」というバリューと低価格商品の消費財と見なされている。

日本だって、そうなんです。つまり、文化がその国のモノをつくっているんです。

日本の文化は「おもてなしの心」と「匠の技」。僕は、これさえあるなら、きっと世界がリスペクトする、いや、明治維新や戦後復興の歴史を見ても、世界最高のモノやサービスをつくっていくことができると信じています。

●――日本のブランド力復活のための「生きる力プロジェクト」

日産を退職した僕は、これからの人生をクルマだけにこだわらず、日本のモノづくりが本当の心を取り戻すためのお手伝いができればと考えています。

GT－Rを開発した目的の1つに、

「日本人は『日本というブランド』をつくれる世界最高の力を持っている、ということを証明したい」

というものがあります。

「日本というブランド」とは一体どういうことかといいますと、たとえばドイツ車ならベンツ、BMW、ポルシェ、アウディ、VWと、みんながパッと思い浮かべる合理的でマイスター心のこもったモノづくりのイメージがあります。これがドイツというブランド。

ドイツ以上にその心と力はあるのに、いまだ日本は高いブランドイメージを構築することができていません。

日本人の仕事に対する思いや能力、技術力、賢さを考えると、ドイツ以上に日本というブランドをつくれると思っています。でも、現状はドイツ車と肩を並べるようなものにはなっていない。

僕は、そこを正面突破して日本というブランドを再生したかったし、その力があることをGT－Rで証明してみたかったんです。

だからGT－Rの開発チームは、あえて組織で動くのではなく個人の感性や能力が発揮しやすいチームにしたのです。

チームの特徴は、日本独特の「棟梁と親方」が思考と感性で継がれる関係でした。日本の建築技術というのは素晴らしく、7〜8世紀に建てられた木造の建築物がいまでも世界最高の木造建築として現存しています。正倉院なんて、自然の力をうまく利用した世界最高のエアーコンディショナー。かつての日本には、そういう技術力があったのです。

何かの図面に、それは描かれていたのでしょうか？

CADで描いた図面以上のものが、あったのでしょうか？

コンピュータとデータベースでつくったのでしょうか？

ありませんよね。

では、どうやったのか？

それは、棟梁が最初にザックリしたイメージスケッチのようなものを描いて、それを見た各親方が自分の仕事を確実に、そして具体的にイメージを持って実行していくのです。

まさに阿吽《あうん》の呼吸。

言葉では伝えられない世界が、当時の日本では現場で息づいていた。これが正倉院や法隆寺を建てるときの世界最高の技術力となって発揮されていたのです。

その点、階級社会のヨーロッパでは僕のようなリーダーの設計者はありえないのです。その地位を守るために、現場でモノをつくるようなことはしません。実際にモノをつくっているのは現場の労働者。別々の世界にいるのです。

だから、文字や数字を使って指示を与えるしか方法がない。それ以上のことは、阿吽の呼吸では伝わらないんです。

日本人は、同じ言葉を使い、似たような意識や価値観や生活観を持って生きています。教育レベルも高く、僕の言う「日本というブランド」をつくり上げるポテンシャルが十分にあるのです。

GT－Rは、おかげ様でたった1年で、世界のプレミアム・ブランドとして認められました。ただ、それはあくまでGT－Rの世界でしかなく、まだ「日本というブランド」にはなっていません。

日本では、なぜモノづくりがうまくいかなくなったのか？

それは、すでに述べたとおり、人を工数という数で管理する多人種のアメリカ型組織で仕事をさせるから、個々人の個性やパワーをうまく生かせないんですね。日本の人の力と文化をアメリカ型の管理の枠にはめこみ、これをあたかも「グローバル化」だといってもてはやしている現状を見ればわかります。

日本は本当に、これでいいのか？

このままで将来の日本は大丈夫なのか？

これでは永久にアメリカの二番煎じにしかなれない構造になりつつあるのです。

こんな疑問を抱いている人はたくさんいるのですが、実際には研鑽のためのシステムやツールが十分ではなく、とくに日常のプライベートな時間や空間にないのです。

人には、まったく相反する2つの特性が備わっています。

1つ目は、イワシの群れが大きな集団をつくって自分の身の安全を守るための本能としての「集団帰属性」です。

「安心」がキーワードで、これは人と同じでいたい、流行に乗り遅れたくない、なんとなく時間を潰す、とりあえずCMで流れている商品を買ってみる――といったもの。

具体的には、カラオケでＡＫＢ48の歌がちゃんと歌える、ユニクロの今年のバージョンを身に着けている、暇さえあればインターネットやスマホを見ている、音楽配信をダウンロードしている――など、いつかは捨てる前提の買い物。

２つ目は、人としての種の繁栄のための「多様性」です。

他人と違う、自分だけの存在感を持つことです。これは自分だけが大切にし、永く使える商品を買いたい、１人の時間や空間が欲しい――といったもの。

たとえば流行に関係なく大切にしている洋服やＣＤ、ＤＶＤを持っている、雰囲気が気に入っている行きつけの喫茶店がある――など。

それで自分らしさや生きがいを求め、自分の存在を確かめるわけです。

この２つ目の多様性によって価値観の違いを認め、恋愛するように尽くす喜びから人間力が培われ、それが「日本」というブランドの創造とグローバルな競争力をつくり出していく。

そして常識の壁をぶち破った先にある本質をつかみ、自己実現と個性の創造につなげていくために、僕は「生きる力プロジェクト」という活動をはじめました。

僕は人間の能力は無限だと思っています。みなさんと一緒に考え、「日本」というブランドをつくり上げたいと思っています。

ぜひみなさんも一緒にやっていきませんか。

*

みなさんにこのようなことを伝えたくて、お教えしたくて、僕はこの本を出版しました。

いままでお客様に支えられて、自分ががんばってこられた恩返しの意味も込めて、この本ですべてではありませんが、僕がお話ししたいことのアウトラインを、おわかりいただけたのではないかと思っています。

今後もこれに肉付けをし、いつかはみなさんと一緒に完成させていただきたいと心に誓っています。

出版に際し、ご尽力いただいたフォレスト出版の太田社長はじめ、編集部の石黒さん、マーケティング部の鳥垣さん、営業部の小池さん、その他関係の皆様、そして常日頃僕を支え、管理してくれている中川さんや、応援してくださる浦田さんや折戸さん、そして多くのＧＴ－Ｒオーナーの方々、打ち合わせスペースをお貸しいただいた海老名市文化会館にお礼と感謝を申し上げたいと思います。

ありがとうございました。

２０１３年７月吉日

水野　和敏

[著者紹介]

水野和敏◉みずの・かずとし

1952年1月長野県生まれ。72年日産自動車に入社、P10プリメーラパッケージやスカイラインGT-R（R32型）の新規パッケージの提案と開発などに従事。89年ニスモに出向しレーシングチームの監督兼チーフデザイナーに就任。国内耐久選手権3年連続チャンピオンおよび92年デイトナ24時間レース総合優勝獲得（92年は参戦全レース全勝）。93年に日産自動車へ復職し、FMパッケージ「スカイライン（V35型）、フェアレディZ（Z33型）」、PMパッケージ「日産GT-R（R35型）」など、乗用車系・スポーツ系車種を中心に開発責任者として活動。とくに、ヨーロッパの王室をも虜にした世界に誇る日本のスーパーカー日産GT-Rにおいては、カルロス・ゴーンCEO直轄のもと「ミスター・GT-R」として企画・開発・生産・営業・収益・品質・新規販売網展開等プロジェクトにかかわるすべての統括責任業務を遂行するなど辣腕をふるい、カリスマ性を発揮した。
2013年3月31日の日産自動車退社後も、各媒体からの取材やファンからの現場復帰を願う声が引きも切らず、現在はセミナー講師や「生きる力プロジェクト」の発起人として活動中。自動車業界のみならず、「本質論」に基づく生き方・考え方・働き方は多くの人々を魅了してやまない。著書に『プロジェクトGT-R』（双葉社）、共著に『16歳の教科書2』（講談社）、神田昌典氏との対談セミナーCDとして『世界一を最短で実現するリーダーシップとは？』（ALMACREATIONS）がある。

水野和敏［公式HP］
http://r.goope.jp/k-mizuno

非常識な本質

2013年 8月23日　初版発行
2023年10月29日　２刷発行

著　者　水野和敏
発行者　太田　宏
発行所　フォレスト出版株式会社
〒162-0824　東京都新宿区揚場町2-18　白宝ビル7F
電話　03-5229-5750（営業）
03-5229-5757（編集）
URL　http://www.forestpub.co.jp
印刷・製本　中央精版印刷株式会社

ISBN978-4-89451-580-2　Printed in Japan

非常識な本質

本書の読者限定！

非常識な無料プレゼント！

じつは本書を企画するにあたり、水野和敏さんに 20 時間以上にわたるインタビューを敢行しました。なんと、文字数にして300万字以上！

そこでは、本書では触れられていない「本質」がまだまだたくさん眠っていたのです。そこでその一部を、

「Extra Chapter」（PDFファイル）

としてプレゼント！